蓝色海洋

厄尔尼诺现象

周超君　编写

吉林出版集团股份有限公司

图书在版编目（CIP）数据

厄尔尼诺现象 / 周超君编写. —— 长春：吉林出版
集团股份有限公司，2013.9
（蓝色海洋）
ISBN 978-7-5534-3321-9

Ⅰ．①厄… Ⅱ．①周… Ⅲ．①厄尔尼诺－青年读物
②厄尔尼诺－少年读物 Ⅳ．①P732-49

中国版本图书馆CIP数据核字（2013）第227235号

厄尔尼诺现象
E'ERNINUO XIANXIANG

编　　写	周超君
策　　划	刘　野
责任编辑	宋巧玲
封面设计	艺　石
开　　本	710mm×1000mm　　1/16
字　　数	75千
印　　张	9.5
定　　价	32.00元
版　　次	2014年3月第1版
印　　次	2018年5月第4次印刷
印　　刷	黄冈市新华印刷股份有限公司

出　　版	吉林出版集团股份有限公司
发　　行	吉林出版集团股份有限公司
地　　址	长春市人民大街4646号
	邮编：130021
电　　话	总编办：0431-88029858
	发行科：0431-88029836
邮　　箱	SXWH00110@163.com
书　　号	ISBN 978-7-5534-3321-9

前　言▮

　　远观地球，海洋像一团团浓重的深蓝均匀地镶涂在地球上，成为地球上最显眼的色彩，也是地球上最美的风景。近观大海，它携一层层白浪花从远方涌来，又延伸至我们望不见的地方。海洋承载了人类太多的幻想，这些幻想也不断地激发着人类对海洋的认知和探索。

　　无数的人向着海洋奔来，不忍只带着美好的记忆离去。从海洋吹来的柔软清风，浪花拍打礁石的声响，盘旋飞翔的海鸟，使人们的脚步停驻在这片开阔的地方。他们在海边定居，尽情享受大自然的馈赠。如今，在延绵的海岸线上，矗立着数不清的大小城市。这些城市如镶嵌在海岸的明珠，装点着蓝色海洋的周边。生活在海边的人们，更在世世代代的繁衍中，产生了对海洋的敬畏和崇拜。从古至今的墨客在此也留下了他们被激发的灵感，在他们的笔下，有美人鱼的美丽传说，有饱含智慧的渔夫形象，有"洪波涌起"的磅礴气魄……这些信仰、神话、诗词、童话成为人类精神文明的重要载体之一。

　　为了能在海洋里走得更深、更远，人们不断地更新航海、潜水技术，从近海到远海，从赤道到南北两极，从海洋表面到深不可测的海底，都布满了科学家和海洋爱好者的足印。在海底之旅的探寻中，人们还发现了另一个多姿的神秘世界。那里和陆地一样，有一望无际的平原，有高耸挺拔

的海山，有绵延万里的海岭，有深邃壮观的海沟。正如陆地上生活着人类一样，那里也生活着数百万种美丽的海洋生物，有可以与一辆火车头的力量相匹敌的蓝色巨鲸，有聪明灵活的海狮，有古老顽强的海龟，还有四季盛开的海菊花……它们在海里游弋，有的放出炫目的光彩，有的发出奇怪的声音。为了生存，它们运用自己的本能与智慧在海洋中上演着一幕幕生活剧。

除了对海洋的探索，人类还致力于对海洋的利用与开发。人们利用海洋创造出更多的活动空间，将太平洋西岸的物质顺利地运输到太平洋东岸。随着人类科技的发展，海洋深处各种能源与矿物也被利用起来以促进经济和社会的发展。这些物质的开发与利用也使得海洋深入到我们的日常生活中，不论是装饰品、药物、天然气，还是其他生活用品，我们总能在周围找到有关海洋的点滴。

然而，海洋在和人类的相处中，也并不完全是被动的，它也有着自己的脾气和性格。不管人们对海洋的感情如何，海洋地震、海洋火山、海啸、风暴潮等这些对人类造成极大破坏力的海洋运动仍然会时不时地发生。因此，人们在不断的经验积累和智慧运用中，正逐步走向与海洋更为和谐的关系中，而海洋中更多神秘而未知的部分，也正等待着人类去探索。

如果你是一个资深的海洋爱好者，那么这套书一定能让你对海洋有更多更深的了解。如果你还不了解海洋，那么，从拿起这套书开始，你将会慢慢爱上这个神秘而辽阔的未知世界。如果你是一个在此之前从未接触过海洋的读者，这套书一定会让你从现在开始逐步成长为一名海洋通。

引　言▮

引　言▮

　　从远古时代到今天，各种自然灾害始终伴随着人类的发展。我们的科学虽然发达，却只能利用有限的时间和条件预测、监控部分灾害现象，不能阻止它的发生。从人类诞生的那一天起，自然灾害就与人类相伴，贪婪地吞噬着人类的生命和财产，无情地毁坏着人类的生存和发展环境，这不得不使我们重新审视自然灾害对人类的破坏。

　　在当今社会，我们经常会忽视环境保护，而环境污染越来越严重，地球的压力逐渐加重，长此以往造成厄尔尼诺现象，而人类却不能杜绝这种现象的发生。

　　科学家认为，厄尔尼诺现象的发生与人类自然环境的日益恶化有关系，是人类索取大自然过多而不注意环境保护所导致的。

　　厄尔尼诺若发生在冬季，中国就会出现暖冬；若发生在夏季，中国黄河以南地区就会多雨，严重时长江中下游地区会发生洪灾，黄河及华北一带会少雨并且形成干旱。厄尔尼诺与中国东北的夏季温度也有一定的关系，厄尔尼诺发生当年，中国东北气温下降，甚至偏低，造成粮食产量减少。

　　"厄尔尼诺"这个原本只被气象学家、海洋学家所关注和研究的自然灾害现象，近年来越来越多地出现在媒体报道中。特别是1997年厄尔尼诺事件爆发以后，媒体的广泛报道让它进入普通百姓的视线范围。厄尔尼诺的造访，就像传说中的潘多拉魔盒被打开一样，使人们感到彷徨、无措

与无限的担忧。虽然大家还弄不清厄尔尼诺到底是什么，但是听到它的到来，就仿佛是灾难降临一样。那么，到底什么是厄尔尼诺，它又会给我们的生存环境带来多大的影响呢？

气象学家为我们给出的明确的定义是：在大范围内太平洋赤道的海洋和大气相互作用后失去平衡而产生的一种气候现象就是厄尔尼诺现象，又称厄尔尼诺海流，是沃克环流圈东移造成的。厄尔尼诺能在全世界范围内发挥破坏力极大的作用，造成反常季节的降雪与暴晒、雨季的干旱或旱季的洪灾。需要明确的一点是，厄尔尼诺的周期性在最近50年来逐渐变短，出现也越来越频繁。自1950年以来，世界上共发生了13次厄尔尼诺现象。1997—1998年的厄尔尼诺历时长久，不久前的2009年已经被确认是厄尔尼诺年。这样的频率远远高于过去近千年历史中的记载，过量的碳排放破坏了地球生态原有的平衡，才引发了这样复杂多变的自然灾害。

毋庸置疑，自然环境的日益恶化与厄尔尼诺现象的发生是分不开的，是地球温室效应加强的直接结果。人类饱受自然灾害之苦，这些自然灾害是大自然对人类无休止的索取行为的报复。人类向大自然过多索取而不注意环境保护，导致我们的生存环境越来越恶劣。气候变化所引发的政治、宗教、和平等问题，远非我们能够想象和控制。美国前总统比尔·克林顿说过："我们时代最大的挑战，乃是尽全力控制气候变化。这是一项里程碑式的研究，我呼吁所有人都关注我们的环境。"

厄尔尼诺现象虽然不代表世界末日，但是我们依然要把它看成是一个警示。面对这样残酷的警示，我们应该对已有的发展模式进行深刻的反思，应该尽全力行动起来。关注自然，关爱地球，保护环境已经成为人类刻不容缓的历史使命。

编者

目录

揭开厄尔尼诺的神秘面纱

厄尔尼诺的详细诊单

近40年来厄尔尼诺灾难清单

厄尔尼诺正在改变我们的世界

保护地球母亲

揭开厄尔尼诺的神秘面纱

厄尔尼诺已经成为除了自然季节交替之外，影响人类活动的第二个重要的气候事件。厄尔尼诺就像一条恶龙，奔腾于海洋与苍穹之间，翻手为云，覆手为雨，给人类带来了无数灾难。究竟是什么原因造成了厄尔尼诺？传说中的"圣婴"和"圣女"究竟又是什么呢？让我们一起来探索厄尔尼诺之谜，一起揭开厄尔尼诺的神秘面纱。

『圣婴』厄尔尼诺的命名

"厄尔尼诺"这个名称来源于19世纪末秘鲁沿岸的渔民，又称厄尔尼诺海流，是太平洋大范围内海洋和大气失去平衡后形成的一种气候现象。厄尔尼诺指季节性向南流动的暖洋流入侵，取代了向北流动的冷洋流，这种现象一般发生在圣诞节前后。现今，厄尔尼诺已不再是指局部地区的洋流的季节性变化，而是指ENSO（全球尺度的气候振荡）现象中的一部分。

厄尔尼诺在西班牙语中是"圣婴"的意思。它是被气象学家与海洋学家所关注和研究的自然灾害现象。过去，地处南美洲的秘鲁渔民称每年圣诞节前后南美沿岸海水温度上升的现象为"圣婴"，即厄尔尼诺。在科学上，此词用于表示在秘鲁和厄瓜多尔附近几千千米的东太平洋海面温度异常增暖的现象。当这种现象发生时，大范围的海水温度可比常年高出 3～6℃。太平洋广大水域的水温升高改变了传统的赤道洋流和东南信风，导致全球性的气候反常。

正常情况下，热带太平洋的洋流是从美洲走过来的，唯有太平洋表面保持温暖，才能给印度尼西亚周围带来热带降雨。但这种模式不会持续太久，每2～7年被打乱一次，此时风向和洋流会发生逆转，太平洋表面的热流就会走回美洲，随之便带走了热带降雨，此即"厄尔尼诺"现象。

在很早以前，历史记载中就有这种自然灾害，一直到了19世纪才在南美洲的西班牙语系国家中有了正式的名字。太平洋东部和中部的热带海洋的温度异常地变暖且持续，整个世界的气候模式就会发生变化，造成一些地区降雨过多，而另一些地区又过于干旱。基本上，这种现象平均4年发生一次。如果现象持续期少于5个月，称为厄尔尼诺情况；如果现象持续期是5个月或以上，称为厄尔尼诺事件。

秘鲁之所以保持着世界级的渔场地位，与其独特的海洋气候和地理位置是分不开的。秘鲁渔场是世界三大渔场之一，位于南美洲的东太平洋海岸，水产资源十分丰富，盛产贝类及800多种鱼类。常年信风带来的寒流使秘鲁渔场很兴旺，寒流降低了沿海表面的水温，给性喜冷水的鱼类创造了良好的外部环境；同时也带来了大量的硝酸盐、磷酸盐等营养物质，给

▲辽阔的海洋

▲渔场

海洋生物们提供了充足的食物，从而促进了海洋生物的大量繁殖。因为有了绝佳的地理位置与气候条件，天时地利人和，长久居于此的东太平洋渔民们就有了稳定的生计。

不过，再美好的东西也不会一成不变，在渔业规模化发展的过程中，渔民们逐渐告别了简单的捕捞生活，积累了丰富的有关气候和海洋的知识。直到19世纪初，渔民们发现，每隔几年，从10月到第二年的3月会有一股沿海岸的暖流流入，这时表层海水温度就会有明显升高。每当暖流出现，就会有大量的性喜冷水的鱼死亡，渔民们就会遭受严重损失。往往在圣诞节前后这种情况发生最严重，所以无计可施的渔民将其称为上帝之子——圣婴。

厄尔尼诺导致寒流逆转为暖流，暖流升高了海水表面的温度，高温的海面不再有海水翻涌，不再翻涌的海水无法带来丰富的营养物质，所以鱼类大量热死或饿死。那些没有热死或饿死的鱼儿们也都远走他乡，海鸟也因找不到食物而纷纷离去……

往日生机勃勃的渔场顿时失去生机，这些捕鱼国家的渔业一落千丈，而有些依赖性强的小国家甚至发生了严重的经济危机。

厄尔尼诺出现时，东南太平洋高压明显减弱，印度尼西亚和澳大利亚的气压升高，同时，赤道太平洋上空的信风减弱。温暖海水影响鱼类的成群移动，破坏珊瑚礁的生长，所以有时候，厄尔尼诺也被称为"暖信风"。

这便是大家所言的"圣婴"——厄尔尼诺，一种可怕的、反常的、会带来一连串严重后果的自然灾难。

专家认为，自然灾害接连不断地出现，可能就是厄尔尼诺现象。据统计，每2～7年会出现一次厄尔尼诺现象，不过每次事件发生的强度、持续的时间有所差别。但科学家预言说，厄尔尼诺现象会随着全球性气候的变暖而更加频繁，更加严重。

反厄尔尼诺——『圣女』拉尼娜

　　拉尼娜是气象界和海洋界使用的一个新名词，意为"圣女"，正好与意为"圣婴"的厄尔尼诺相反，也称为"反厄尔尼诺"或"冷事件"。

　　拉尼娜之所以被称为反厄尔尼诺现象，是因为拉尼娜现象出现时，赤道太平洋东部和中部海水会大范围持续异常变冷，即海水表层温度低出气候平均值0.5℃以上，且持续时间超过6个月。

▲海浪

赤道中东太平洋海温的增暖、信风的减弱与厄尔尼诺是相联系的，而海水温度变冷与拉尼娜是相联系的。所以，实际上热带海洋和大气共同作用的产物是拉尼娜。

为了更好地理解拉尼娜是如何在海洋和大气的共同作用下形成的，我们还需要了解太平洋东西两岸的信风与海洋表层运动相互作用的详细情况。

一般来说，西部海平面比东部海平面要高将近40厘米，是因为东信风将表面被太阳晒热的海水吹向了太平洋西部。西部海水温度增高，气压下降，潮湿空气积累形成台风和热带风暴，东部底层海水上翻，致使东太平洋海水变冷。海洋表面的风对牵制海洋表层的运动起着主要作用。暖水从赤道东太平洋区被刮走，然后通过海面以下的冷水给予补充，那么赤道西太平洋区海水的温度要比东太平洋偏高一些。每当信风加强的时候，东太平洋深层海水上翻现象也会随之更加剧烈，此时海表温度也会异常偏低，导致赤道太平洋东部气流下沉，而西部的上升运动却更加剧烈，有利于加强信风，也就加剧了东太平洋的冷水发展，这样便引发了拉尼娜现象。

拉尼娜的威力虽然比不上"圣婴"，但也会给人类带来一定的损害。拉尼娜现象也是每隔几年出现一次，是东太平洋沿着赤道酝酿出的不正常低温气流，导致气候异常。其发生频率比厄尔尼诺现象低，最严重的一次拉尼娜现象出现在1998年，持续到2000年春季。厄尔尼诺与拉尼娜现象通常交替出现，对气候的影响大致相反，通过海洋与大气之间的能量交换，改变大气环流而影响气候的变化。从近50年的监测资料看，厄尔尼诺出现的频率多于拉尼娜，强度也大于拉尼娜。

作为"圣女"的拉尼娜虽然来势凶猛，但相比"圣婴"来说，还算是

温柔的，但是我们依然不能掉以轻心，而是要重视起来。

　　一般情况下，厄尔尼诺现象过后，拉尼娜现象会随之而来。在厄尔尼诺现象出现的第二年一般会有拉尼娜现象出现，有时会持续两到三年。在1988—1989年、1998—2001年都有拉尼娜现象发生，致使太平洋东部至中部的海水温度比正常低了1～2℃，在1995—1996年也发生了比较弱的拉尼娜现象。有些科学家认为，因为全球有变暖的趋势，所以也会减弱拉尼娜现象。

　　无论如何，"圣女"和"圣婴"都是我们不得不重视的气候变化现象。

如何判定厄尔尼诺

经过前面的介绍，相信读者朋友们已经初步了解了厄尔尼诺的形成和来历，对它的破坏力也有了比较直观的印象，但并不是所有的反常气候都是厄尔尼诺现象引起的。广阔的海洋存在着各种各样的复杂洋流，那么我们应该凭借哪些条件来判断厄尔尼诺呢？换句话说，我们该如何全面认识厄尔尼诺的特征呢？

气候学界比较常见的论断认为，通过以下五个指标的显著变化，可以判断厄尔尼诺是否发生。

第一，海水温度变化，赤道中东太平洋具有深厚的暖水层，海面温度一般比平均偏高1.5～2.5℃，次表层水温大致比正常情况下偏高3～6℃；

第二，降水变化，赤道太平洋东部降水会有明显的增加，西太平洋的印尼、澳洲北部地带降水明显减少；

▲澳洲

第三，气候风变化，赤道大气底层出现西风；

第四，SOI（南方涛动指数）指标变化，持续明显的负数状态；

第五，沃克环流变化，与往常相比异常偏弱。

我们可以看到，厄尔尼诺的出现对世界气候有着全方面、多角度的影响。近200年来，科学家才展开对厄尔尼诺的关注和研究。因此，赤道中东太平洋海水大范围持续异常偏暖的现象，其评判标准在国际上还存在一定差别。

目前，大多数国家通用的考察指标是海温距平指数，如果Nino 3区海温距平指数连续6个月达到0.5℃以上，就可以定义为一次厄尔尼诺事件。

▼太平洋

在不同的国家还有其他不同的参考数据或指标，比如中国同时还参考Nino综合区的海温指数，而美国则加入了Nino 3.4区海温距平的3个月滑动平均值，即达到0.5℃以上定义为一次厄尔尼诺事件。

一般来说厄尔尼诺现象持续的时间会在半年以上，平均3～4年一次，它的出现与大气活动有着密切关联，比如南方涛动。

南方涛动是大尺度的大气活动。东南太平洋和印度洋—西太平洋这两个地区的气压存在如下关系：当其中一个地区气压上升时，另一边就会对应降低（反相关关系）；如果出现东边高西边低，则印度季风雨强烈，反之印度干旱。选取两点的气压相减以后得出的差值，可以用来衡量南方涛动强弱程度，称为南方涛动指数。

太平洋两侧大气的这种反相关关系和海洋表面温度的变化有着非常密切的关联。当赤道太平洋东部海温升高，其上方大气压力减小；西部海温下降，其上方大气压力增大。因此赤道太平洋上空和平时相比，会出现东边低西边高的现象，SOI减小为负数，反之为正数。

因此也可以得出一个结论：海面温度变化（或者说洋流）和大气环流之间存在某种遥相关机制。

由于海面温度和大气环流关系十分密切，气候学

家为它们起了一个专属的新名字——ENSO循环。把海温距平指数和南方涛动指数放在一起，可以看出正常情况下一般都接近零；但是当海温曲线上升明显，SOI就是负数，说明厄尔尼诺发生，称为ENSO暖事件；反之就是拉尼娜，称为ENSO冷事件。拉尼娜经常紧挨着厄尔尼诺发生，经常看到一次厄尔尼诺刚刚平息，拉尼娜就来了。因此ENSO可以说是一种循环，也是地球需要掌握其平衡的一种表现方法，其实赤道中东太平洋表层海温就是在不断冷暖交替变化中进行循环与平衡的。

　　无论是从厄尔尼诺本身带来的变化看，还是从外界相关的气候指标看，对于厄尔尼诺的判定，都需要相当多的气候知识与海洋知识，这是一项相当复杂的科学工作，需要仔细而审慎地进行观察与比较。

厄尔尼诺的难解之谜

今天气象学家所指的厄尔尼诺，狭义上讲是指赤道太平洋中东部每隔几年发生的一次大范围海水异常增温现象；而广义上是指在热带中东太平洋海水异常增温的同时，从热带东太平洋到印度尼西亚群岛，海洋和大气环流发生异常变化的现象。

从1934年到目前为止，人们对于厄尔尼诺现象的确切记载已有近100年，然而当时这种局部发生的现象对全球气候产生的影响却并未被人们充分认识。厄尔尼诺现象仍然存在着许多未知的神秘之处，它不但吸引着越来越多的科学家进行探索，也吸引了越来越多的普通人的目光。

首先，关于厄尔尼诺现象的成因，到底包括哪些呢？专家们众说纷纭，目前引起比较多争议的有如下几种：

第一种说法——地球自转减慢说。持这种观点的科学家认为，地球自转速度大幅度减缓导致厄尔尼诺现象越来越频繁地发生。地球自转速度变化，分为长期的、季节性的和不规则的变化三种。不规则变化最为复杂，可以突然变快或变慢。从1956—1985年间的七次厄尔尼诺来看，有六次发生在地球自转急速变慢的第二年，这一变化使得赤道附近海水获得了较多的东南向的动量，引起南赤道流减弱，导致北赤道逆流的涌进，暖水大规模南侵，由此厄尔尼诺发生。

第二种说法——海底火山说。有的科学家认为，厄尔尼诺是由海底火山爆发和熔岩活动引起的。秘鲁附近海域正处于加拉帕戈斯断裂带，常有地下岩浆溢出或热液强烈喷发，使深层海水突然升温几百摄氏度，加热了南赤道流海水，产生厄尔尼诺。同时，火山爆发伴生大量有害气体，导致海洋生物大批死亡。据此，一些科学家发现，在20世纪20年代到50年代，是火山活动的低潮期，此时厄尔尼诺也很少出现，强度也较弱；进入20世纪60年代后，世界各地火山活动频繁，厄尔尼诺次数也相应增多，强度也明显增大。根据近百年的资料统计，3/4左右的厄尔尼诺发生在强火山爆发的第二年。这种说法是否正确，有待于继续验证。

第三种说法——大气污染说。大气污染，尤其是温室气体的过量排

▲海底火山口

▲ 热带海洋

放，是引起温室效应、气候变暖的主要因素。近代人类活动的加剧、工农业生产的发展、大量汽车和家用电器的使用导致二氧化碳和甲烷等温室气体大量排放，温室效应促进大气变暖。据近百年来的统计，全球气温已经上升了0.3～0.6℃，且有逐渐加强的趋势。气候变暖导致自然环境的失衡，由此出现了频繁的厄尔尼诺。这一观点也引起了许多学者的特别关注。

第四种说法——南方涛动说。南方涛动的变化影响了东南信风的强弱，导致南赤道流的异常，引发了厄尔尼诺。这是20世纪60年代挪威气象学家皮叶克尼斯首先提出的观点。他把南方涛动与厄尔尼诺联系起来，将

研究的重点放在热带海洋。他在太平洋选取四个区域进行观测，发现海水内水温上升0.5℃时，就有可能发生厄尔尼诺。因此南方涛动指数变化趋势与厄尔尼诺出现有一定的关联。

第五种说法——海气失衡说。厄尔尼诺现象是太平洋赤道带大范围内海洋与大气相互作用失去平衡而产生的一种气候现象。而导致海气相互作用失去平衡的原因比较复杂。失去平衡的海洋与大气相互作用的不稳定，加剧了赤道中东太平洋海温增暖的强度，其范围不断扩展，最终形成厄尔尼诺事件。

第六种说法——太阳黑子说。中国国家海洋环境预测中心通过分析250年来太阳黑子活动和厄尔尼诺的相关资料发现，厄尔尼诺的发生与太

▲台风来临之前

阳黑子的位相有关，97%的厄尔尼诺现象出现在太阳黑子11年周期的峰值区、谷值区和太阳黑子衰减位相，尤其是峰值区出现的概率比较大。在太阳黑子谷值区附近发生的厄尔尼诺现象周期较短，一般为2～3年，而在太阳黑子增加期，厄尔尼诺现象的周期为4～5年。可以推测厄尔尼诺与太阳黑子活动有一定的关系。

第七种说法——海底热流说。有些人认为，赤道东太平洋大范围的海水变暖是风的变化对洋流调节的结果，厄尔尼诺现象的产生与大气和海洋相互作用密切相关。在热带太平洋上空常年盛行东北信风和东南信风，在信风的驱动下赤道附近形成了自东向西的南北赤道洋流。在正常情况下，西太平洋海平面要比东太平洋海平面高40厘米，进而形成了东西两侧海温相差3～6℃的海水温度梯度。但有些年份信风突然减弱，在东西太平洋海面坡度的作用下，赤道逆流加强，西太平洋变为冷水区，中东太平洋变为暖水区，这种热带太平洋地区下垫面的逆向变化必然导致大规模大气环流的变化，进而导致厄尔尼诺现象的发生。根据科学推算，当中东太平洋表层水温升高2℃且持续偏高6个月以上时，就会发生厄尔尼诺现象。

第八种说法——外星人活动说。有些人认为厄尔尼诺现象与UFO的活动有关，他们怀疑厄尔尼诺现象是

由UFO引擎排热引起的，厄尔尼诺出现的频率恰好与UFO出现的频率成正比。当然，这只是个比较有想象力的推测而已。

除了上述八种说法外，也有科学家认为，西太平洋地区台风活动与厄尔尼诺也有关系。据近40年的资料统计，西太平洋与南海的台风，平均每年为28个；在厄尔尼诺现象期间，则为25个，比常年少3个；在没有厄尔尼诺的年份里，台风有31个，比常年多3个。因此，在厄尔尼诺年的台风数目，比没有厄尔尼诺年时少6个。1991年西太平洋台风比往年减少，在中国登陆的台风也少了约1/3，但强度大，给所经地区带来大暴雨，登陆后路径也较异常。9119号台风在南海东北海面历时18天，先后4次转折，3次回旋，2次登陆，为多年来所罕见。这样的变化是否与厄尔尼诺有关呢？

此外，有的学者还提出厄尔尼诺与大洋暖水团大范围的运动有关，特别是与黑潮大弯曲有一定联系。综上所述，目前被广泛接受的理论是海气互动与厄尔尼诺有密切的关系。但上述的推测只能用来解释ENSO循环过程的某些特定的阶段，也可能在某次厄尔尼诺事件中，几种因素共同作用。

对于厄尔尼诺成因的解释真是多种多样，让人眼界大开，不过有一点可以确定，那就是厄尔尼诺绝不是单一因素导致的。目前，人们对它的认识比过去深入多了。随着研究实验工作的不断深入，厄尔尼诺之谜终将大白于天下。

厄尔尼诺与玛雅文明

　　科学家目前针对厄尔尼诺做得最多的工作，还是从历史事件中寻找它的踪迹，总结它的规律。从资料看，这一自然现象早已存在于地球多年。人类文明发展的某些阶段中，它也曾经起过举足轻重的作用。

　　很多科学家为了弄清厄尔尼诺现象，回到历史中去寻找答案。在过去300年中，有不少文献记载了类似厄尔尼诺的现象。不少科学家从中入手，找到了它与很多重大历史事件的关联。

　　在对厄尔尼诺有了一定了解后，我们再反观那些极端天气造成的重大历史事件就会有所收获。

　　1789年到1793年，厄尔尼诺现象使欧洲出现严

▲玛雅文明遗址

19

▲ 隆起的暗礁

寒，导致河流冰冻，庄稼颗粒无收。 1912年，厄尔尼诺现象导致两极冰川扩张，成为"泰坦尼克"号触冰山沉没的间接原因。1812年是"厄尔尼诺年"，其带来的酷寒使拿破仑兵败俄罗斯。同样，希特勒在1941年兵败莫斯科，也有厄尔尼诺带来的酷寒的原因。这些惊人的巧合背后，隐藏着厄尔尼诺的背影，也让我们对历史事件有了新的观察与反思视角。

如果把视野再拉得远一些，我们还会发现更多的疑似厄尔尼诺的踪迹以及它所带来的深远影响。太平洋南部的诸岛孤悬海外，考古学家发现，古人是以东南亚为跳板，由西向东沿着岛链逐渐进入这些岛屿的。问题是，赤道以南的太平洋地区，洋流方向与风向都是自东向西的，缺乏机械助力的古人又如何逆风逆水行船呢？一些科学家推测，厄尔尼诺现象的发生，会使洋流逆转，削弱东风甚至改变风向，早期人类正是抓住了这样的有利时机才逐渐前行，扩张到太平洋诸岛的。

厄尔尼诺帮助人类在全球范围内扩张，也导致了一些古文明的突然衰亡。

考古界有一段时间因秘鲁古摩切文化的突然消亡陷入疑惑。古摩切文化是一种相当进步的古老文化，有着复杂牢固的城邦、硕大的金字塔、精美的艺术品。就在公元650年前后，繁荣的古摩切文化却突然消失。考虑到它位于受厄尔尼诺现象影响最明显的秘鲁，科学家开始由此着手考虑问题。科学家通过对北极冰层尘埃成分的探测，发现公元600年左右发生过一次强烈的厄尔尼诺。于是，这一气象事件成为古文化消失的新解。

由此，一些科学家做出了论断：人类文明史上最辉煌文明之一的玛雅文明的陨落，正是由厄尔尼诺一手造成的。古代的玛雅文明是哥伦布时代之前最灿烂、历时最久的伟大文明之一。在耶稣基督时代之前的几个世纪和公元9世纪之间，典型的玛雅文明在墨西哥南部、危地马拉以及洪都拉斯的低地萌生、发展至繁荣，然后却又突然消失。位于裴丹和南部低地的伟大仪式中心也变成废墟，大片地区变得空无一人，在此之后也没有人居住了。以迪科尔为例，这个原本拥有超过2.5万人的大城最后留下的只有原来1/3的人口。留下来的人聚居在已经成为废墟的大型石造建筑内，尝试继续过着和往日类似的生活。在短短几个世代之内，即使是这些少数的幸存者也无影无踪。

玛雅文明的溃亡在考古学上是一个不断引起争议和讨论的话题。在这场重大的灾难中，厄尔尼诺扮演着一个至关重要的角色。

墨西哥的气候由于独特的地理位置，有着鲜明的特点。其大部分地区属于所谓的热带辐合带，在北半球的夏天，热带辐合带会向北移动，在每年的4月到10月之间，为墨西哥带来丰沛的季风雨。到了冬天，这个辐合带往南向热带移动，亚热带的高压带来稳定而又干旱的气候形态。每当季风变得微弱并且受到压缩，以及这里的热带辐合带在更南方的地区发生停留时，高地和低地便会被长期的干旱所影响。如果南方涛动指数偏低和厄尔尼诺现象波及赤道的许多地区时，干旱现象就会跟着出现。

墨西哥农民经常采用火耕的方式整理农地，这是一种清理灌木丛的简单方法，温暖的余烬可以充当贫瘠的土壤的肥料。在风调雨顺的年代，进行这项工作时必须小心谨慎，然而也正因为干旱土地更加干燥，如果粗心大意，很可能大部分的土地甚至整片区域被火耕毁灭。如果出现一场突如其来的强风就可能引发一场遍及干旱农地和林地的大火。

1997年到1998年之间的那一场厄尔尼诺，使得墨西哥全国遭受到巨大的损失，其中包括古代的雨林区。墨西哥农民采用传统的农作方式引起的大火吞没了嘉巴斯州1/6的奇马拉帕斯雨林，这个雨林孕育着至少1500种濒临绝种的珍贵生物。

而1000年前，一场长期的严重干旱，促使看似屹立不倒的玛雅文明逐渐走向灭亡的不归路。玛雅人耕作的地区是伸入墨西哥湾的佩滕尤卡坦半岛，这个半岛主要是由在一段悠远漫长的岁月中逐渐从大海中隆起的大片石灰质暗礁所形成的。崎岖的南方低地高温湿热，每年的5月到10月是长达半年的雨季，降雨量并不像一般热带低地那么充沛而固定。除了乌苏马辛塔河和莫塔瓜河以外，可供航行或者提供充沛淡水的河流并不多，定期出现河水泛滥以滋养土地的情况更是绝无仅有。南方低地一度覆盖着大片浓密的森林。而玛雅人为了发展，努力地砍伐森林获取耕地。除了佩滕部分地区和大型河谷的沿线以外，玛雅

▲玛雅雕塑

人居住的地方高温、潮湿，肥沃的土地并不多见。阵雨和强烈的热带阳光对已经失去森林保护的土地造成严重的破坏，而由于地表随后迅速形成一层坚硬的砖红土，农耕也就变得不可能。若要对这种土地进行耕地，农民必须具备丰富的经验和无限的毅力。

　　同他们的后人一样，那时候的玛雅人经常会苦于干旱和长达数十年不

23

大面积干旱

定的气候变化。据科学家发现，奇坎卡纳湖大约是在公元前6200年前首次形成，当时的加勒比海海平面和尤卡坦地区的淡水含水土层突然上升，直到大约公元前4000年才不再上升。沉淀物分析结果显示，大约在公元1000年以前，似乎湿度一直都特别大，以后慢慢才干燥起来。干燥的现象一直持续着，在公元800年到1000年之间达到最严重，也就是玛雅文明渐趋溃亡的时期。这一段为期200年的干旱期是过去8000年来最干燥的一段时期。

公元585年，一场特别严重的干旱降临，玛雅地区在这场干旱中出现了一场动乱；接着相当充沛的降雨又维持了一段时期，它为玛雅文明带来了为期200年的繁荣，因此，玛雅人口快速增长起来。从此之后，气候的形态变成干旱和潮湿重复循环，前后为期大约10年。在厄尔尼诺出现的时期，干旱的状况更加严重。

这些气候波动因素虽然是短期的，加上热带土壤不是很肥沃，所以在越来越多的人口负荷和客观环境不断恶化的情况下，玛雅文明逐渐进入衰亡时期，但其繁荣兴盛长达800多年。鼎盛时期玛雅文明的总人口数达到1000万～1200万。玛雅人能够在如此恶劣且具挑战性的客观条件下创造辉煌灿烂的文明，且繁荣兴盛这么久，无疑是人类文明史上的一个奇迹。

玛雅文明为什么会突然溃亡呢？对古典玛雅溃亡

的课题进行研究的专家一致认为，其中包括生态、政治以及社会等各方面的因素。亚利桑那大学的库尔柏特证实，在玛雅文明溃亡之前，南部低海拔地区的人口密度增加到每平方千米200人，而由于人口密度增加的地区太过广大，以致当时的人根本无法迁到附近的原始区来适应新局面。换言之，玛雅人已经没有任何新的耕地可供利用。

厄尔尼诺所加强的干旱正是压垮玛雅文明的最后一根稻草。农作物产量一落千丈，环境的破坏已经超乎任何领导者的解决能力。成千上万的生灵成为饿殍，幸存者开始对领导者产生不满，最后纷纷离开曾经繁荣昌盛的城市。

厄尔尼诺造成的长期干旱的影响遍及玛雅地区。南方低地文明随着玛雅人的生活中心逐渐向北方的尤卡坦地区移动而几乎完全崩溃。相同的干旱状况使得作物收成锐减，千百年来的过度开发、大范围的林地砍伐以及表土流失产生累积的负面效应。如果出现降雨，暴雨往往又会使毫无保护的土壤大量流失。王权制度在面对干旱和因为饥饿而人心浮动的子民的情况下开始动摇。象征城邦王权的精致建筑有如骨牌一样迅速倒塌。于是，史上最辉煌最伟大的玛雅文明在短短几世代的暴乱和社会革命冲击下迅速瓦解。

同时，又有科学家作出了惊人的推测：在公元9世纪和10世纪交替之际，与当时西半球的玛雅文明同时走向灭亡的，还有当时隶属东半球的中国的大唐盛世，而导致这两个文明走向灭亡的凶手可能都是厄尔尼诺。科学家们表示，这两个文明均处于季风区，这里的湿润程度主要取决于降水情况。种种迹象表明，当年玛雅帝国和唐帝国均遭受了旱灾的袭击，雨季的降水量难以保障农业发展的基本需要。研究人员认为，这两大文明走向

衰落的原因是严重的干旱和随后的饥荒。他们指出，气候的变化与厄尔尼诺现象存在着密切联系。当厄尔尼诺现象出现时，太平洋东部水域的温度会明显上升，大规模地破坏正常的大气环流，这一切都使得那些传统上湿润温暖的地区陷入了持续的干旱。

玛雅文明和唐帝国文明的衰亡虽有着复杂的原因，也和其本身固有的缺陷有关，但厄尔尼诺仍然在其中扮演了重要角色。厄尔尼诺凭借其巨大的能量改写了人类文明进程的方向。

厄尔尼诺的详细诊单

　　大家也许奇怪，厄尔尼诺现象本身是一种海洋温度变化的情况，为什么它会引起那么多的恶劣的气候反常现象呢？要想彻彻底底地了解厄尔尼诺，就要寻找厄尔尼诺的周期性，针对厄尔尼诺进行监测和预报，从中寻找厄尔尼诺的确认方法，这样就能更好地把握厄尔尼诺现象了。

厄尔尼诺的发作周期

自上一个冰河期以来，厄尔尼诺长时间周期性存在于地球上。它像病毒一样，让地球时不时发烧一下，却并不能对地球整体气候有本质性的改变。

但是，现在情况发生了变化。有科学家这样断言："近30年来，全球气候发生了一种跃变，因为人类活动导致的二氧化碳的排放，全球平均温度在持续增高。同一个时期，厄尔尼诺也发生了跃变。"人类活动导致全球二氧化碳排放量猛增，温室气体的增加改变了自然界原有的气候格局，这是全球变暖的直接原因。尤其自1979年以来，变暖的速度加快，全球陆地的平均温度上升了0.25℃，海洋平均温度上升了0.13℃。每当太平洋中部的海表面温度比正常的温度值高出0.5℃时，厄尔尼诺事件便会发生。

▲仪表控制系统

1997—1998年厄尔尼诺引发的气候灾害肆虐全球，极大地引起了人们的普遍关注。在此期间，各种新闻媒体对其进行了大量的报道，于是一时间给人们带来这样一个感觉：似乎地球上突然间冒出了一个大逆不道、恶魔猛兽般的厄尔尼诺。其实不然，厄尔尼诺并非今日才有，历史上它早已存在。事实上，厄尔尼诺是在地球上经常出现的一种间发性的自然现象，每隔数年就要出现一次，间隔的年数可长可短，短的只有2年，长的可达9~10年，所以，在此之前，地球上就曾不断地多次出现过厄尔尼诺现象，只不过1997—1998年的厄尔尼诺是20世纪最强的一次罢了。它对人类造成的危害特别广泛和严重，新闻媒体报道也特别引人注目，给人们的印象也特别深刻，其实它本身并不是一件什么新鲜事。

为了研究厄尔尼诺，弄清它出现的时间规律，追踪它的历史，许多学者排列出它出现的时间序列，即先后次序，进行年代学研究，做出它的年谱。所谓厄尔尼诺的时间序列，就是把以前曾经在地球上出现过的厄尔尼诺，按年代次序由近及远排列起来，这就构成了厄尔尼诺的时间序列或历史序列。这里所指的"曾经在地球上出现过的厄尔尼诺"显然不是从19世纪末"最早"发现并命名的那次厄尔尼诺算起，因为在这以前地球上早已存在着厄尔尼诺现象。

目前，较科学的方法是通过仪器记录、史料记载及地质信息等多种渠道往前追溯曾经在地球上出现过的厄尔尼诺。当然，对厄尔尼诺排序也有很多不同的方法，下面就让我们来一一对其进行简单了解。

1. 按仪器记录排列

要排出厄尔尼诺历史序列，就要收集和获取厄尔尼诺的观测记录。对厄尔尼诺进行观测记载，比较科学的方法是用现代观测技术对海洋和大气

进行直接测量。这一时间起始于100多年前的西方产业革命，被称作现代仪器观测时期。既可通过测量海温来判断厄尔尼诺，也可通过测量大气的压力，即由南方涛动来间接确定厄尔尼诺。前者就是借助仪器测量热带东太平洋区域表面的海水温度，求出它们的月平均海温值，简称海温值。如果该海温值比它长时间（如几十年）的平均值要高，称作海温正距平。这种海温正距平，在该区域持续近10个月或一年以上，如果最大正距平值超过2℃，就定为一次厄尔尼诺。

由于在固定大范围区域内的海温测量的历史并不长，依此排序的厄尔尼诺的历史序列也不会太长。为了弥补这一缺陷，也可使用测量大气的压力求南方涛动指数的方法。由于大气中的南方涛动是海洋中的厄尔尼诺在大气中的一种反应，因而可用南方涛动指数来确定厄尔尼诺，而且用仪器测量大气压力的历史要比测量大范围海温更加久远。一般简单情况下，南方涛动指数就是热带太平洋东、西两部分区域的海平面气压的差值。差值为正，表示东部区域气压比西部区域高。反之，差值为负，表示东部比西部低。通常选取塔希提岛测站代表东南太平洋地区，达尔文港测站代表印度洋印尼地区，观测这两站的海平面气压的月平均距平值，并计算出相应的南方涛动指数。

自1864年至2000年的136年间，赤道太平洋曾出现过31次厄尔尼诺。在每两次厄尔尼诺之间，一般会出现与厄尔尼诺相反的拉尼娜现象，有时两次间隔之间也可能达不到拉尼娜的标准。因此，在地球上，厄尔尼诺和拉尼娜犹如封建王朝的朝代，在不断地更迭，构成一个历史序列或年谱。虽然每隔三四年有一次更迭，但细细分析每次更迭间隔是相当不规则的，最短的只有两年不到，最长的可达9～10年。

▲干旱沙漠

　　由此可见，厄尔尼诺的出现具有相当的随机性和不规则性，要用厄尔尼诺历史序列来推测新一次的厄尔尼诺的降临是非常困难的。近年来，厄尔尼诺的出现愈来愈频繁，也就是说它们的间隔时间越来越短。例如，自20世纪50年代至今，间隔平均为3.1年；自20世纪80年代至今，间隔为2.7年。进入20世纪80年代以后，全球气候变暖明显，有些科学家认为，近年来的厄尔尼诺频繁出现可能与此有关。此外，不仅厄尔尼诺出现的间隔无规律可循，而且每次的厄尔尼诺强度和特征也不尽相同，它们之间有着显著的年际和年代际的变化。

2. 按其他方法排列

　　在19世纪中叶以前，虽然厄尔尼诺观测还未进入仪器观测时期，但是人们用文字记载了各种自然现象，例如对干旱和洪涝的记载。众所周知，

▲珊瑚

南美秘鲁的太平洋沿岸地区，在一般情况下是干旱缺雨的气候。但是一旦出现了厄尔尼诺，那里的干旱气候将会一反常态，出现大雨如注、暴雨洪涝肆虐的异常状态。这些洪涝灾害给那里的老百姓带来了深重的苦难。当地的许多历史文献经常会有类似的记载。在各种文字记载中，只要记录了某年洪涝成灾，就可反推那年曾出现了厄尔尼诺。因为秘鲁太平洋沿岸干旱气候区的洪涝出现，主要就是由厄尔尼诺所引起的。

又如，厄尔尼诺出现时，秘鲁沿岸的太平洋鳀鱼资源遭到破坏，渔获量显著锐减，所以在历史文字记载中，只要有鳀鱼渔获量锐减的记录，也可推测此年为厄尔尼诺年。又如，专家根据秘鲁文字记载中的一次庆祝性行军，推测出了1532年曾经出现了厄尔尼诺。因为那次行军是一次穿越

200千米的海岸沙漠的艰苦旅程，只有在厄尔尼诺丰雨年才可能实现。在平常年景，大队人马在干旱沙漠中长途行军，无雨缺水将艰苦难熬，甚至有极大的死亡威胁。类似种种，科学家综合审阅了历史记载，并将19世纪中叶以前推测出现的厄尔尼诺，重建历史序列如下：1541年，1578年，1614年，1624年，1652年，1701年，1720年，1728年，1747年，1763年，1770年，l791年，1804年，1814年，1829年。

这种由历史文字记载推测出来的厄尔尼诺历史序列或年谱，称作历史文献时期出现的厄尔尼诺。显然，历史文献时期的厄尔尼诺时间序列，远不如仪器观测时期的直观和准确，但仍然具有一定的参考价值。科学家们曾由南方涛动指数推测强厄尔尼诺，把仪器观测时期的厄尔尼诺时间序列和历史文献时期的厄尔尼诺时间序列同1845年那次厄尔尼诺年衔接起来，就可以从1541年开始直到1998年，排出长长的厄尔尼诺历史序列或年谱。

在不同的历史时期，长长的历史序列中相对应的序列段，其可信度自然是不同的，越是靠近科技昌明的近代其可信度越高。

当然，地球上最早的一次厄尔尼诺绝不会是出现于1541年。这一年只是人们目前用历史文献资料推测出来的最早的一次。实际上，在1541年以前，地球上存在着更多更早的厄尔尼诺现象，只是没有被仪器观测记录或历史文献记载而已。为此，人们就从跟厄尔尼诺有关的物候及地质信息中，较科学地去推测这些久远的厄尔尼诺。例如，最近美国和秘鲁的考古学家和气候学家对古生物化石进行研究后认为，厄尔尼诺现象至少在5000年前就已经发生了。这些科学家发现，南美热带地区许多适合在气候变化不明显的环境下生长的物种，在5000年前突然大量灭绝，而只有那些能够适应气候剧烈变化的物种才得以保存下来，这就说明厄尔尼诺现象在那时就有

了。这一发现，使得厄尔尼诺的年代学或年谱研究又向前推进了几千年。

树木的年轮也可以用来推算厄尔尼诺。树木一年生长一圈，成百上千年的古树，就有很多很多的年轮。仔细察看年轮间的宽度或间距，其宽和窄是不等的。这是由于丰雨年树木生长旺盛年轮较宽，干旱年树木生长缓慢年轮较窄。在厄尔尼诺年，某些固定多雨地区会变得少雨干旱，同时某些少雨干旱地区又会多雨成灾。因此，从某些温带地区树木或树木化石年轮宽窄排列上可以推测出不同年份的厄尔尼诺，或者从树木年轮排列上可以反映出厄尔尼诺历史序列或年谱。科学家们已证实从1853年至1961年期间，这些年轮的宽度与南方涛动指数相关。但这些信息也许并不可靠，因为从低纬度到高纬度的遥相关在不同厄尔尼诺年中的变化相当大，并且遥相关在冬季最强，而年轮宽度主要取决于夏季天气。

厄尔尼诺不仅使热带东太平洋地区的冷海水变暖，也会使那里从深海向海表面上翻的海水大大减少。正常年景生长在上翻海流中的珊瑚，其表壳中含有一定浓度的镉。当厄尔尼诺出现时，上翻流明显减少，珊瑚壳中的镉浓度也减少。这样在漫长的历史进程中，随着珊瑚壳逐年生长增厚，在壳壁上就会出现无数因镉浓度含量不同浓淡相间的叠加层，这非常类似树木的年轮。在珊瑚壳中，这一层层镉含量较少很淡的层就是大自然记载下来的厄尔尼诺的行踪，于是构成了厄尔尼诺的历史序列或年谱。因此，也有人曾从加拉帕戈斯岛的珊瑚骨骼年增长的异常来研究过去很长一段时间的厄尔尼诺历史。

用来考证或推测古代气候变化，还有一种常用的方法，这就是冰川和冰芯分析法。冰川是由多年积雪经成冰作用形成的流动冰体。由降水和温度决定的水热平衡关系控制着冰川的发育和演变。不同的气候形成不同

▲冰川

的冰川类型，冰川累积区每年积雪形成的年层记录了降水量的变化，而冰层中冰晶体的特征反映了成冰的温度条件。在冰川累积区打钻提取的冰岩芯，记录了某一时段的比较详细的气候变化历史，测定冰层的稳定同位素组成粉尘的通量以及冰芯中保存的化石空气（孢体），有助于重建过去气候要素值和某些大气成分变化的历史。具体地说，南美秘鲁高山处的降雪量多寡是与厄尔尼诺密切相关的。

科学家们认为厄尔尼诺出现时，当地的年积雪量将受到抑制，所以从秘鲁奎尔卡雅冰帽中取出的冰芯上，因降雪量的多寡会留下许多历史的层次，这反映了一次又一次的厄尔尼诺。因此用冰芯分析方法有助于确定1500年以前主要厄尔尼诺现象发生的时间。

地质时期的厄尔尼诺时间序列，目前还没有相应的具体年份表，只能定性地排出它们间的相对次序，让人们了解到早在人类文明时代以前，地球上的厄尔尼诺现象早就一次又一次地不断出现。

厄尔尼诺的作案行踪

厄尔尼诺诞生于复杂的海洋与大气的环流变化，所以其行踪十分复杂。人类对厄尔尼诺进行的最初研究，囿于当时的世界科技水平，想要从海上获取更多确切数据不仅经费昂贵，同时也十分困难。所以受客观条件限制，19世纪对厄尔尼诺的早期研究很少，人们对其探究所得也非常有限，基本处于停滞阶段，无论是对其产生的原因，还是对它的发生规律和行踪，都没有充分认识和掌握，更别说掌握准确而详细的数据来进行深入研究了。

随着时代的发展、科技的进步，厄尔尼诺在高科技仪器面前也终于暴露了作案行踪，不复往日的神秘。海洋卫星就是测量厄尔尼诺变化情况最犀利的武器。

赤道太平洋东部海域是厄尔尼诺的老家，某种不定的情况下，东部赤道中会有一部分逆流的海水沿着厄瓜多尔海岸南下，穿过赤道，向南流动，这就是厄尔尼诺暖流。每当赤道海域的水温升高，影响大气环流，全世界气流就会因此出现大范围异常，该冷不冷，该热不热，有的地方经常细雨绵绵，而有的地方却干旱持续。一般情况下，厄尔尼诺主要发生在东太平洋，所以也叫"东太平洋厄尔尼诺"。厄尔尼诺在过去的几十年中变得不太一样，往往在太平洋中部会出现温度异常，这种现象被称为"中太平洋厄尔尼

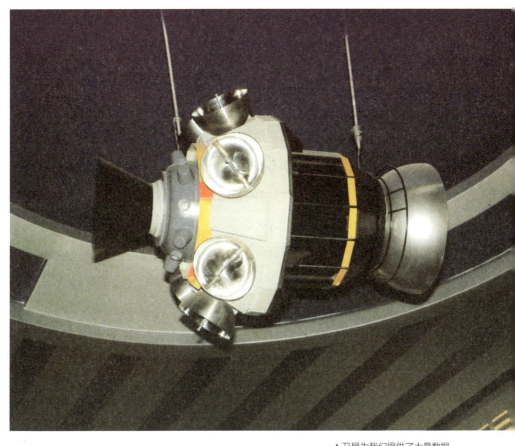

▲卫星为我们提供了大量数据

诺"。

因此，根据厄瓜多尔和秘鲁近海表面水温的变化，人们就可知道厄尔尼诺变化的情景，从而做出及时的防范。

厄尔尼诺现象在1982—1983年期间发生时，其中微波辐射遥感监测和"Nimbus-7"红外卫星为海面提供了详细资料。通过卫星实时传送获得的彩色图片中，科学家们不难看出，在半年前，厄尔尼诺现象还未发生时，海水温度没有什么不正常，秘鲁近海是一大片的低温区。1982年6

月开始，异常的初始暖水区出现在赤道及其附近，并且增强速度很快，说明厄尔尼诺现象已经开始出现。1982年8月，美洲近岸到经度180°的赤道区海域，海水正常温度比海水表面温度低1℃，周围却仍被冷水所环绕，表明厄尔尼诺现象还在继续加强。从1983年3月开始，水温再次上升，已在4℃以上，且持续到1983年9月。这段时间是厄尔尼诺最旺盛的时期。1983年10月起，水温才开始逐渐下降，厄尔尼诺也随之减弱。

科学家们通过卫星数据的同步传播，已经将这次厄尔尼诺现象发展的全过程完全掌控。大海的侦探员——高科技的海洋卫星，为我们提供了极其宝贵的大洋表面海水温度的资料。这些全面而精准的数据，对科学家们的研究意义重大，它们证实了之前人们对厄尔尼诺发生过程的预想，即整个赤道东太平洋的海域表面海水的增温现象和增温过程。如果我们直接从地面观测海洋，没有卫星，厄尔尼诺发生的全过程恐怕永远也搞不清楚。

厄尔尼诺的追踪和预测

从已发生过的几次厄尔尼诺事件可以得知，它能引起全球大范围的气候异常，并带来无法估量的气候灾害。所以对厄尔尼诺的检测和预测是必需的，应尽快在全球范围内设立重要监控点，并建立完善而灵敏的监控系统。

根据目前掌握的厄尔尼诺年谱或序列，我们可以发现它的运行没有很直观的规律，只能采用统计的方法尽可能多地建立全面的数据库，并不断探索新的方法对其进行分析、总结与归纳。面对这一棘手的研究对象，科学家们也借用了多种手段和方法，其中之一就是利用"大气环流—海洋现象与厄尔尼诺事件相关统计研究"，用回归统计方法构造厄尔尼诺预报方程进行预测。

面对这一棘手的研究对象，科学家们综合了多种考察对象：

（1）海水温度上升。东部的深层海水上升补充西部海水导致东部海水温度降低，所以可以根据海水表面温度（SST）数据来判断。

（2）风速。正常情况下，信风在热带太平洋地区由东吹向西侧，但在厄尔尼诺时期会减弱，甚至会发生逆转，因此也可以根据风速与风向来判断厄尔尼诺是否发生。

（3）海面高度。正常情况下，西太平洋的海水平

面高度比东部高40厘米左右，而在厄尔尼诺期间，东太平洋的海平面高度增高，温跃层上升。

（4）SOI。在南方涛动指数里，达尔文港与塔希堤岛气象观测站间海平面气压的波动数据在厄尔尼诺时期都为负值。

（5）海水盐度。正常情况下，当赤道两边较冷、含盐量较高的海水下沉，然后西部温暖、含盐量低的海水向东扩散，就会引起厄尔尼诺现象。美国宇航局于2006—2007年间发射观测全球海水含盐量的卫星，就是为了借助它来更好地预测厄尔尼诺现象。

▲浮标

除了上述五个因素外，还有一些新的因素也被科学家纳入考察范围，如地球自转速度和太阳黑子周期。由于大气和海洋是一个整体系统，当地球自转速度减慢时，低纬度海水和大气会获得一个向东的惯性力，导致原来自东向西做大规模移动的赤道洋流和信风减弱，然后引起赤道太平洋东部冷水区上升流减弱，这一海域的水温升高，于是厄尔尼诺现象便产生了。科学家发现，太阳黑子活动与厄尔尼诺有着反相关联系，即太阳黑子减少期到峰谷期是厄尔尼诺的多发期，此间至少有两次到三次厄尔尼诺发生。

厄尔尼诺有着复杂多样的表现，使用定量性的指标对其预测很容易发生严重的偏差。中国国家气象环境预报中心的专家曾根据东亚大气环流指数与Nino 3区的海水表面温度距平作为预报量，用来对厄尔尼诺进行预报，但是结果并不让人满意。与实际情况相比，预测出的增温转折期和明显增温期都提前了一个月，而且增温幅度也比预报值大出很多。显然，作为厄尔尼诺事件发生的预报，在定性上是正确的，但定量上则还远远不够精确。

国际上许多国家，如美国、英国、德国和日本等，普遍采用的是海气耦合模式预报厄尔尼诺。海气耦合模式又可以分为GFDL模式、UKMO模式、NCLA模式、LDGO模式等，是一个复杂而庞大的体系。由于大气和海洋的变化极其复杂，单一的某种模式无法对其进行完整的分析，也就无法得出精准的结果。综上所述，就现阶段的气象科学的研究来看，对厄尔尼诺事件的预报仍然处于初级阶段，迄今为止不成功的例子还是占多数的。

上述几个例子都说明了同一个问题，那就是预测厄尔尼诺绝非一件简单的工作，需要将多种因素都考虑在内。气象学家寄希望于国际间的深入合作，即推行一项国际间的科学研究，建立更系统更全面的观察海洋和大气的科研项目，即热带海洋—全球大气（TOGA）计划。这项计划不仅研究太平洋的大气和海洋，而且注重两者之间的相互作用。

联合国世界气象组织发起该计划的主要目标是获取可靠的资料来支持实验性预报。这项计划同时促进了新一代观测仪器的研制，比如定点浮标和由卫星跟踪的可移动浮标，它们可使用高精科技自行采集资料，再通

过气象卫星将资料实时发送给气候研究人员。海洋学家和气象学家合作研究大气和海洋耦合系统，希望这项计划能使厄尔尼诺的预测成为可能。美国国家海洋和大气管理局的科学家们和其他众多研究所的合作者用这些浮标、卫星、船舶和潮汐、温度观测仪器监测赤道太平洋，结果取得了大量关于洋流、海平面高度、海表以下500米的水温以及大气温度、大气湿度、风向和风速的数据资料。希望在不久的将来，通过国际间气象学家的共同努力，我们能够更加迅速而准确地预报厄尔尼诺，减少它为人类社会带来的灾害。

应对厄尔尼诺的策略

就目前的科学技术而言，我们对厄尔尼诺的研究仍然处于不够充分的初级阶段。在历史记载中推测它们的序列，在迷雾中对它的周期和特征进行分析，至于提前预测的方法，成功率一直难以让人满意。尽管我们对它知之甚少，面对厄尔尼诺的巨大破坏力，我们能够做些什么呢？有没有已知的有效对策，可以在更多的国家和地区进行试验和推广呢？

厄尔尼诺现象经常会带来持续时间较长的严重干旱，可加剧北半球土地干旱化的趋势，也会让水土流失、沙化和荒漠化等生态问题变得更加严重。以中国为例，中国干旱半干旱面积约占国土面积的47%。自然条件较差的北方十一省区，东西绵延数千千米，分布着全球第二大生态脆弱带。农业要可持续发展，关键是针对北方干旱以及生态恶化的问题进行生态建设和

▲节水灌溉

生态治理，具体需要采取以下几方面的措施：

第一，因地制宜，全面规划。

第二，调整农业结构，加强生态建设，使农林牧综合发展。

第三，调整农村产业结构，加快农村经济发展。

第四，因地制宜，发展骨干拦泥坝、窖塘等集雨节水灌溉工程，发展集水农业。

第五，必须充分开发利用天然降水资源，实施雨水集流、节水补灌，使自然降水发挥最大的作用。

第六，研究推广北方旱地农业增产技术体系。

具体到操作层面，我们需要对目前的农业生产体系进行更加细微的分化。农业生产是一个能量转化和物质循环的过程，必须有一个良好的生态环境，对旱地农业更是如此。大面积造林种草，可以保持良好的空气土壤

▲水土流失

的湿润对流，建立农业生态屏障。中国政府也一直提倡"以林护农，以牧促农，农林牧结合，综合发展"的治旱理念。根据实际耕作土地的不同地形条件，我们可以从以下几个方面着手：

（1）水力侵蚀强烈，因为陡坡耕地水土流失强度要高于平缓坡耕地的数倍到数十倍，所以，在25°以上的陡坡林地都要退耕还林（草）。

（2）加快平原绿化步伐，抓好农田林网四旁植树、沿河护岸林、库区绿化、城市绿化以及旅游景点的绿化等工程。

（3）在宜林荒山荒地，可以在退耕还林的坡耕地植树种草。

（4）可以对天然下种能力的疏林以及灌丛，还有荒山荒坡，进行半封、全封、人工辅助手段以及季节封，让其变成森林或者灌草植被。

（5）发挥天然林维护生态的主体作用，对现有林木必须加强有效保护。

（6）积极发展畜牧业，引进畜牧良种，建立人工草场，改进饲养管理方法等。根据实际情况，提高农业结构中畜牧业的比重，并发展畜产品加工利用。

历史上曾有多次类似厄尔尼诺造成的大洪涝灾害的记载，远古时期洪水灭绝人类的传说则在世界各地广为流传。以中国为例，我们可以看到，有着1.8万千米长海岸线的中国自古以来就经常遭受洪涝灾害的侵袭，也积累了丰富的抗灾对策。

中国地域广阔，横跨温带、亚热带和热带，在厄尔尼诺强有力的逆转气候影响下，在不同地区会出现不同的洪涝灾害情况。黄河中下游、长江中下游地区临近海岸，低纬度的地理位置更容易接受厄尔尼诺的"洗礼"，也因此经常会遭受洪涝灾害。和地处温带的黄河中下游地区相比，

长江中下游地区的东部和中部处于亚热带，受海信风的控制更强，洪涝也就偏多，2～3年就会出现一次洪涝。这些地区暴雨频繁，河床坡度小，支流多，流域地势低，河水容易漫溢，洼地容易积水造成洪灾。中国黄土高原地区沟壑纵横，地势陡峭，植被稀疏，降雨集中，水土流失面积已达43万平方千米，占总面积的79.6%，年泥沙流失量为16亿吨。

洪涝灾害对中国经济、文化等各方面的损害十分严重，中国也因此形成了悠久的兴修水利的传统，在汛期到来之前，提前修建便于泄洪导洪的河道。未雨绸缪，至今仍是我们需要秉持的抗灾理念。现阶段较为成熟的气象预报技术给抗洪治洪提供了有力的支持，不但能够减轻人口的伤亡，也为后续的工作争取了充足的时间。

厄尔尼诺影响下的洪涝灾害固然可怕，但我们依然可以采取适当的对策来保障我们的生命财产安全。

第一，加强气象现代化建设，做好雨情预报，提高防汛抗洪信息科学综合能力。

第二，气象现代化除了探测、通讯、预报、服务等系统外，还应包括中小尺度天气探测、预警系统，使公众能够及时采取措施，避免重大损失。

第三，综合治理，加强生态建设，维护生态平衡，提高抗御洪涝灾害的能力。具体包括：总体规划和综合治理，以可持续发展为指导，把大江大河作为一个整体的大系统，打破部门割据，统筹安排，进行综合治理、宏观调控；大力开展小流域综合治理；有步骤有计划地开展退耕还林，退耕还湖；发展种草养畜；加强林业建设，大力开展封山育林和次生林改造，开展群众性造林绿化，加速长江中上游防护林与公益林建设；加强湿地的保护和合理开发利用。

第四，建设生态经济核算制度和生态效益补偿制度。

第五，加强环境教育，增强环保意识，通过政策、立法在财政、税收、信贷等方面对生态工程建设进行扶持。

第六，加强科学技术研究和新技术的应用。

第七，加强水利建设，实行综合治理。

抗旱和抗洪对策各有侧重，其中心理念则保持一致，那就是保护自然环境、维护生态平衡。这是力求从根源上减缓厄尔尼诺产生的理性态度，也希望有更多的人能够参与进来。

中国治理干旱和洪涝灾害的经验与对策有其特殊的历史背景和自然条件，无法在全世界范围进行复制与推广。而且，厄尔尼诺复杂的特征表现，也让国际间的合作迫在眉睫。如何在全球范围内推行适度、通行的针对厄尔尼诺的对策呢？除了具体的操作性的方法，我们认为不同的国家

▼防洪堤

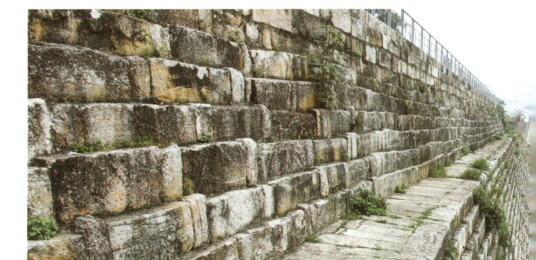

和地区应该联合起来，在如下几个方面进行更多的尝试：

第一，加强国际间气象学家的合作与交流，提高科学研究水平。

第二，加强不同学科之间的合作，力求更加深入地对其进行研究。

第三，加强不同国家和地区间的合作，共享已有的研究成果与资源。

第四，加强对厄尔尼诺的监测和预测，在灾害到来之前尽可能争取时间减缓灾难的损害。

针对厄尔尼诺的研究，全球的气象学家们仍然任重而道远，有许多未解之谜等待着他们去一一解开，他们已取得的成就仍然不能有效解除人们遭遇灾难的痛苦。因此我们也可以在如下方面，对未来的气象科研进行策略上的预期：

第一，充分利用气候系统观测资料。

第二，改进监测方法和预测技术。

第三，促进监测与预测工作的结合。

第四，充分利用厄尔尼诺强信号。

第五，进一步认识厄尔尼诺、拉尼娜的影响。

第六，充分挖掘厄尔尼诺监测信息的科学潜力。

第七，科学利用厄尔尼诺预报结果。

第八，加强教育与宣传，提高认识水平。

厄尔尼诺是一把双刃剑

　　说到厄尔尼诺，有些人觉得，它的代名词就是灾难，会强烈地威胁到大自然和人类的生命安全。也有人认为，厄尔尼诺为人类带来灾难的同时，也会有利于局部地区环境的改善和某些行业的经济发展。如何客观地看待厄尔尼诺在人类社会发展进程中起到的作用呢？

　　厄尔尼诺现象经过大气环流的作用传给热带的其他地区和中、高纬度地区，其影响是全球性的。自进入厄尔尼诺状态后，全球天气、海洋状况和海洋渔业都受到了重大影响。

　　据统计，在1997年发生了一次强厄尔尼诺，持续至1998年上半年。在1998年，中国遭遇了罕见的特大洪水，其最重要的影响因素之一便是厄尔尼诺。较强的厄尔尼诺现象导致全球性气候异常，并带来了巨大

▲厄尔尼诺引发洪水

的经济损失。

在厄尔尼诺的影响下，印度河、恒河等河流的水位已经低于平时水位警戒线，澳大利亚、非洲、亚洲都发生了持久性的干旱。由于受到发生在澳大利亚、阿根廷、中国北部和南美内陆玻利维亚的干旱的影响，全球的农产品供求陷于紧张状态。众多地区出现了干旱，但北极的海冰却正在加速融化，进而对北欧国家产生了威胁。

1997—1998年发生的厄尔尼诺现象，使澳大利亚和亚洲上千人死亡，造成了高达数十亿元的经济损失，直接引发了东南亚的森林大火，导致南美渔业资源急速减退，引发了巴布亚新几内亚的大旱，导致70万人的生命受到威胁。中国在这次厄尔尼诺期间则是遭遇了多流域特大洪水。

厄尔尼诺现象通常会对国家社会和经济产生持久的影响。例如，1991—1992年的厄尔尼诺现象导致非洲大旱，进而粮食减产，使非洲的发展至少倒退了10年，最后有3000万人患上营养不良症。不过，厄尔尼诺的影响也并非全都是负面的，例如西北太平洋的台风活动可以在厄尔尼诺现象的帮助下被抑制。厄尔尼诺现象也可以为美国干旱的西南部地区带来有利的冬季降水，北部的冬季暴风雪将会减少，而佛罗里达州的森林大火发生概率也会随之降低。厄尔尼诺现象产生时，秘鲁沿海的一些冷水性鱼因为海水温度升高不得不迁徙他处，但别的鱼群也会被吸引过来。同时，厄尔尼诺也会给厄瓜多尔和秘鲁北部的沙漠地区带来大量降雨，于是这块寸草不生的沙漠也就成了湖泊密布的草原。

可可、大豆等的大量减少也是因为厄尔尼诺现象造成的干旱，但对国际市场来说并非坏事。它使大豆价格上升，豆油价格坚挺，大豆、可可的出口前景看好，可以限制各国之间不断增产压价的恶性竞争，使国际市场

▲厄尔尼诺使沙漠焕发生机

的期货价格处于一种比较合理的状态，维持了期货市场的总体平衡，避免了更多的经济战争。

　　非洲肯尼亚的北部，因为长期水源枯竭导致人烟稀少，但在1997—1998年间，因为厄尔尼诺现象带来的丰沛雨水，此处重现青山环抱绿水，上百万只粉红色的火烈鸟重返家园的美丽景象。与此同时，智利北部的世界上最干旱的沙漠之一——阿诺卡马沙漠也由于雨水的滋润，竟然出现了几百种鲜花在昔日荒凉的沙漠上竞放的奇异景象。1998年，紧随厄尔尼诺而来的拉尼娜现象，也使得干旱的东非地区气候温和湿润，草原一派葱茏，牛羊肥壮。

　　此外，厄尔尼诺有助于减少二氧化碳的排放，从而大幅度地遏制全球

气候变暖的趋势。例如1991—1994年厄尔尼诺期间，海洋二氧化碳的排放量减少了8%~30%。

　　厄尔尼诺给中国带来的益处主要是可以补充地下水资源。由于工农业的不断发展，地下水水位持续下降，厄尔尼诺给中国内陆带来丰沛的降雨，所以补充了地下水资源。其次，厄尔尼诺现象发生后，西北太平洋热带风暴（台风）的产生个数及在中国沿海登陆的个数均较正常年份少。

　　厄尔尼诺事件类型复杂，不同类型的厄尔尼诺事件对气候的影响也不相同。在气候变暖的情况下，厄尔尼诺的气候效应具有更强的不确定性特征。厄尔尼诺事件既可导致气候异常，也会增加气候预测的复杂性和不确定性。

　　任何事物都包含着既对立又统一的两个方面，厄尔尼诺就是这样的一把双刃剑。我们在了解和分析厄尔尼诺现象时，既要看到它不利的一面，又要看到它有利的一面。我们要如实地反映厄尔尼诺的本来面目，就必须坚持一分为二的矛盾分析法，只有这样，才能正确地认识、了解厄尔尼诺。

近40年来
厄尔尼诺灾难清单

　　长期以来，许多科学家一直在从事自然灾害的研究，特别是类似河水泛滥、暴风巨浪等突发性事件，但对厄尔尼诺现象的研究也是必不可少的。我们要通过几次大的事件弄清厄尔尼诺发生的强度、频率、持续时间、影响范围、爆发速度、空间分布以及时间间隔，这样才能更好地分析厄尔尼诺现象，才能对防范和避免厄尔尼诺起到更好的指导作用。

1972—1973年秘鲁强烈厄尔尼诺事件

秘鲁作为世界上最先发现厄尔尼诺现象的国家，同时也是世界上受厄尔尼诺影响最大、损失最重的国家。几乎从人们发现厄尔尼诺并开始研究以来，每次厄尔尼诺事件的爆发都给秘鲁的经济和人民生活造成了沉重的打击，尤以1972—1973年爆发的厄尔尼诺现象对秘鲁经济造成的后果最为严重。

1972—1973年，当强厄尔尼诺现象发生时，南美洲西海岸与赤道中部附近和太平洋东部表层的水温比往年高出4℃，海水颜色发黑。温暖海水大规模南下，水温逐渐升高，海水的含氧量等化学成分也有所改变，营养盐类逐渐减少，东南风减弱，鱼类因缺乏食物而大量死亡。秘鲁大量的鳀鱼或者死亡，或者向其他地方迁移，导致以鳀鱼为食的鸟类大量死亡，各种生物尸体漂浮在海面上，腐烂发臭，腥气冲天。

这一年，秘鲁的渔获量由常年的1030万吨锐减到180万吨，出口量大幅下降，渔民收入锐减、大批失业。以鳀鱼为原料的鱼粉业出现萧条，厂房倒闭，鱼粉价格迅速上涨，世界各地以鱼粉作饲料的厂商不得不改用大豆作饲料。于是，大豆价格随着猛涨，甚至远在太平洋彼岸的日本，豆腐价格也提高了很多。而同时菲律宾因干旱椰子价格上涨，随后肥皂、清洁剂原料短缺……最终厄尔尼诺直接影响到生态环境与生态经济的发展。

▲厄尔尼诺严重打击了秘鲁渔业

　　强大的厄尔尼诺暖流不但给秘鲁渔业造成了巨大损失，让秘鲁全国出现了严重的经济危机，也给世界经济的某些方面带来极为不利的影响。

1982—1983年的厄尔尼诺事件

1982—1983年的厄尔尼诺可以说是大自然的一次突袭，它的出现完全出乎人们的意料。一方面，这次厄尔尼诺现象的前期特征与过去的有所不同；另一方面，1982年3月墨西哥厄尔奇冲火山爆发，火山灰影响了卫星观测的结果，所以直到厄尔尼诺爆发，科学家们还在讨论当年会不会有厄尔尼诺发生。在此之前的厄尔尼诺事件，海温增温一般都是从东太平洋南美沿岸开始，但这次却是从中太平洋开始的。

1982—1983年发生的厄尔尼诺事件仅次于1997—1998年的厄尔尼诺事件，它对全球气候造成的影响也非常严重。当时赤道东太平洋的水温比常年高出4℃。这次强厄尔尼诺现象持续了近两年，是非常罕见的，对全球气候造成了巨大的影响。仅1982年，全球就有1/4的地区发生各种气候异常，导致1000多万人丧生，造成的经济损失至少有130亿美元，而由此造成的间接损失更是难以估量。

赤道东太平洋沿岸国家和地区暴雨十分频繁，洪水不断发生。1982年底到1983年上半年，秘鲁、厄瓜多尔西部连降暴雨，发生了史无前例的洪水，洪水和泥石流造成300余人死亡。阿根廷、巴西南部、巴拉圭连续两年发生罕见的大洪水，大约6万人失踪。相反，哥伦比亚中部及北部、巴西东北部发生了旱灾。

1982年底到1983年上半年，美国南部墨西哥湾地区异常多雨，路易斯安那州和密西西比州部分地区春、冬季总降雨量超过常年的1.5倍，沿海湾各州洪水泛滥。厄尔尼诺期间，美国中西部及其大西洋沿岸地区中部、墨西哥及中美洲发生了大范围的严重干旱。1982年夏季，哥斯达黎加和尼加拉瓜农业损失合计达1亿美元。

1982年大西洋和加勒比海在飓风季节却比较平静，只有2个飓风，为1930年以来的最小值。1983年也仅形成4个飓风，较常年显著偏少。相反，在中美洲的西海岸，东北太平洋飓风却较为活跃，如1982年9月的热带风暴袭击了危地马拉和萨尔瓦多，造成1200多人死亡，损失约3.8亿美元，并在墨西哥北部造成225人受伤，损失至少3000万美元。

▲风暴

◀ 水位标尺

亚洲南部也对这次厄尔尼诺事件做出了相应的反应。东南亚大部干旱，印度尼西亚发生1933年以来的最严重干旱。1982年11月到1983年6月，菲律宾中部和南部地区干旱造成农作物减产，损失达1000万美元。1982年泰国东北部出现7年来最严重的干旱，老挝北部出现10年来最严重的干旱。相反，印度北部和孟加拉国连续暴雨再度引发严重洪水。

1982年6月，中国中部和南部一些省份发生洪涝灾害，许多建筑物被摧毁。8月，北方地区也受到洪涝影响，黄河出现有记录以来的第二高水位。1983年，中国南部1月到3月的降水量为30年来最大值，部分地区洪水泛滥。香港上半年降水量为1889年以来的最大值，5月和8月发生特大洪水。6月到7月，长江中下游地区出现暴雨，长江水位许多观测站测量结果达历史最高。9月、10月，汉江、黄河、淮河、长江流域600平方千米农田被淹。

7月，日本南部遭受严重洪水袭击，5万余人无家可归，损失达8亿美元。

澳大利亚从1982年4月开始干旱，一直持续到1983年，东南部地区的旱情为1860年以来最严重的一次。干旱使农牧业经济损失达11亿美元，小麦减产一半，东南部火灾频繁，1月发生最大火灾，2月发生的火灾为历史上最惨重，经济损失达4亿美元。新西兰东部发生30年来最严重的干旱。

1982年12月到1983年3月，加拿大南部和美国北方大部平均气温较常年偏高2～5℃，并经历了近一个世纪以来最暖的12月。

1983年初，亚洲大部地区异常偏暖，中国北部和朝鲜也异常温暖，哈尔滨、长春、沈阳、呼和浩特、乌鲁木齐和济南1月下旬气温为30年来最高值。日本1982年、1983年连续出现冷夏。中国黑龙江及吉林东部1983年夏季气温也显著偏低。

1991—1995年的长厄尔尼诺

1991年5月至1992年7月，1993年3月至11月，1994年9月至1995年2月连续发生了三次厄尔尼诺事件。这三次事件看起来各自独立，其实是紧密相连的，因此有人把它称为一次长厄尔尼诺事件。三次事件中1991—1992年发生的厄尔尼诺最强，时间持续最长。1990年初，这次厄尔尼诺事件发生之前，赤道中太平洋海温就已经维持异常偏高状态了，一直到1991年5月，首次暖事件爆发，异常暖水区向东扩展到南美西海岸。1992年7月，暖水区迅速地向西往回退。第一次暖事件结束后，日界线附近中太平洋暖水虽然有减弱的趋势，却始终维持着异常正距平。

1993年3月，赤道东太平洋海温突然升高，在一个月内大于0.5℃的海温正距平迅速覆盖了整个赤道中东太平洋。7月，遍布赤道中东太平洋的海温正距平在东

▲巨浪

▲南美沿岸

经150°以东突然消失，中太平洋的暖水再次退回，并且此现象一直维持到1994年1月。

这次漫长的过程结束后，整个赤道中东太平洋才暂时转入了相对偏冷的阶段，南美沿岸甚至有数月冷水发展。1994年春末夏初，日界线附近暖水再度加强和东扩，直达南美海岸，而暖水中心仍然维持在中太平洋区。1995年初，赤道中东太平洋海温正距平大幅度下降。第三次暖事件结束后，首先东太平洋海温恢复正常，而中太平洋海温衰减明显滞后。由上面的事件我们可以看出，这次厄尔尼诺的暖水区一直稳定在中太平洋。这三次厄尔尼诺事件只是中太平洋异常暖水向东发展加强的一个震荡的过程。

1997—1998年的厄尔尼诺现象

1997年春夏之交，20世纪最强的一次厄尔尼诺事件发生。这次事件一经爆发就显示了其强大的不可遏制的势头，进而导致了近乎全球范围的气候异常，并对人类的经济生活产生了重大影响。1997—1998年的厄尔尼诺事件比1982—1983年的事件来势更加凶猛，强度更大，结束也更为突然。1997年年初，赤道东太平洋海水还处于异常偏冷状态，而4月厄尔尼诺就爆发了，海温距平指数从1月开始连续12个月一直持续上升，这是自1951年以来的其他厄尔尼诺发展过程中从未有过的。到1997年12月，赤道中东太平洋海域平均海表温度距平达到了2.8℃的极高值。这次事件持续时间虽然只有13个月，比1982—1983年厄尔尼诺事件持续的时间要短，但其海温异常的程度却超过了1982—1983年的事件，成为一个多世纪以来海温距平指数峰值最高、强度最大的一次。

1997—1998年的强厄尔尼诺事件爆发后，全球有许多地区出现气候异常，部分地区和国家频繁地下暴雨，积水成灾，还有部分地区和国家遭受着严重的干旱，并且长时间高温少雨。在这次强厄尔尼诺事件中，将近2万人死亡，全球经济损失高达340亿美元。气象学家认为，在全球气候系统中，厄尔尼诺可以称为是最强的变化信号，也是人们进行天气中短期预报的重要依据。因此厄尔尼诺已经引起包括中国在内的

▲积雨云

各国政府及气象工作者的极大关注。

1997年年初，中国国家海洋局发表的1997年海洋灾害预测消息中有一条特别引人注目，那就是1997年下半年至1998年将发生一次强厄尔尼诺现象，它的发生将会对全球气候产生巨大影响。正如上述消息所预测的那样，1997年春夏之交，世界许多地方发生气候异常，其中亚洲的季风区、拉丁美洲和非洲东部气候异常尤为突出，主要表现为一些国家和地区暴雨成灾，而另一些国家和地区则高温酷暑、降水稀少、旱情严重。

1997年厄尔尼诺爆发以来，南美的一些地区和国家降水次数非常频

繁，以致造成严重的洪涝灾害。智利北部6月连续两天的降雨量竟相当于过去21年降水量的总和，引发了近10年来最严重的洪灾，使得全国13个大区中有9个大区被列为重灾区。厄瓜多尔沿海7月连降瓢泼大雨，山洪暴发。8月中旬，乌拉圭和阿根廷地区的很多人被已经形成灾难的暴雨夺去生命。到了10月，倾盆大雨遍布阿根廷、巴西南部和乌拉圭南部，并且致使部分河流决堤，2万人因洪水和泥石流弃家出逃。直到1998年前期，秘鲁、阿根廷等国仍暴雨不断，洪水、泥石流频发。巴西南部则持续异常高温，而东北部发生了近15年来最严重的干旱，受灾人口多达1000万。另外，6月，阿根廷和智利的边境地区出现特大暴风雪，一些地区积雪深度超过4米。茫茫大雪造成公路阻断，大批车辆和人员被困。8月安第斯山区有2万人被连续一个多星期的暴风雪围困，最少有8人被冻死，有一半羊驼在秘鲁

▲山洪暴发

南部死亡，损失严重。1998年，厄尔尼诺不断加剧着美国东南部的风暴，亚拉巴马州遭龙卷风袭击，有34人丧失生命。1998年，哥伦比亚32个省中有23个发生洪涝灾害，导致17万人受灾，12万人死亡，6万人流离失所。

在印度洋西岸，东非的索马里、苏丹、肯尼亚以及坦桑尼亚等国家1997年10月到1998年上半年降水显著增多，多次引发严重洪灾，仅索马里就有2000多人死亡，45万人受灾。这次洪灾过后，疟疾、霍乱等多种传染病大肆流行，使5000多人丧失了生命。9月刚进入下旬的时候，南非便连连遭受热浪的袭击，有一些地区最高气温超过历史纪录，达到40℃，草场因高温热浪火灾不断发生，东开普省的500平方千米草场和北方省的1000平方千米草场被烧毁。

在有些地区被暴雨洪涝灾害袭击的同时，位于西太平洋热带地区的菲律宾却遭受了近几年来最严重的干旱，5个大水库水位明显低于常年，水稻和玉米种植被迫推迟，主要的经济作物咖啡豆产量锐减。干旱还引发了持续数日的大面积的森林火灾，使数万平方千米的热带雨林化为灰烬，而由此引起的能见度下降又导致了多起飞行事故。澳大利亚因降水减少，小麦减产28%。因酷旱巴布亚新几内亚这个仅400万人口的国家1/4的人口面临饥饿，至少有500人丧生。

1997—1998年厄尔尼诺期间，严重的高温干旱天气同样出现在中美洲，巴拿马城7月气温居然高于历年同期6~7℃；哥伦比亚北部也出现了历史上罕见的连续数日一直保持40℃的高温天气。2月，洪都拉斯高温持续45℃，而尼加拉瓜北部气温比平时要偏高13℃。巴拿马的干旱为1984年以来最重，而且运河水位逐渐下降，航运也受到影响。古巴东部的干旱导致水源枯竭，农作物减产50%。

　　1997年，大西洋的风暴明显减少，飓风活动在7月底以后基本上停止了，风暴灾害在北美东部的热带地区也有明显减少。但飓风却在东北太平洋区异常活跃，从9月中旬至11月上旬，短短几个月，连续4个强飓风袭击墨西哥，造成200多人死亡，大片农田被淹，道路桥梁被冲垮，损失极为惨重。

　　1997年夏季，几十年罕见的持续的高温天气出现在中国华北、西北和东北大部分地区。1998年前期，南方的阴雨天气一直持续着，其中一些地区还出现了少有的冬春汛。夏季时，连续暴雨和特大暴雨出现在华南部分地区及长江中下游，长江、松花江和嫩江流域发生了百年不遇的特大洪水，全国农田受灾面积达20万平方千米，绝收5.2万多平方千米，造成的直接经济损失达2500亿元人民币。

　　1997年，厄尔尼诺给北美洲和中美洲的热带雨林带来了致命的打击。墨西哥和中美地区发生森林大火，数万平方千米森林被烧毁，导致美国多个州上空都飘浮着黑糊糊的烟雾，环境严重污染。当年，印度尼西亚和菲律宾等地也发生森林大火，在印度尼西亚加里曼丹燃烧数月的森林大火，使大片森林遭到破坏，烟雾笼罩了整个东南亚。据统计，仅烟雾污染造成的损失就达10亿美元。此外，巴西亚马孙河流域的防火期在1997年延长了50%的时间，干旱和火灾导致巴西热带雨林损失了2万多平方千米，其中包括濒危的大西洋雨林。

　　1998年1月，冰雹袭击了美国缅因州约1/3的林木。该州东南部约1万平方千米的林木受到严重损害。

　　在全球气候异常的大背景下，位于西太平洋的中国气候异常也非常明显，主要表现为：

▲热带雨林

第一，1997年夏秋季"北热南凉，北旱南涝"。1997年影响中国的季风明显减弱，主要季风带南移，致使中国北方持续干旱少雨，尤其是华北地区的干旱是近46年来第二严重的干旱。加之北方地区南下的冷空气较弱，频度较低，不仅华北地区出现了多年同期气温的最高值，甚至东北地区也出现了多年罕见的持续高温。而与此相反，长江以南的广大地区气温比常年偏低，基本属于"凉夏"。入秋以后，在降水分布"南多北少"的影响下，北方地区夏秋连旱又经历一个"暖秋"，北京、石家庄等地10月份气温创同期最高值，而江南地区则秋雨连绵，气温较常年偏低。

第二，入梅时间推迟。在正常情况下，中国长江中下游地区一般6月中旬进入梅雨期，而1997年入梅时间则推至7月上旬，成为新中国建国以来第二个晚梅年。

第三，影响中国的台风明显减少。每年夏秋之交是中国台风的多发季节，正常年份影响中国的台风一般在10个左右，而1997年影响中国的台风仅4个，比正常年份减少一半，是近46年来第二个少台风年。这说明西北太平洋这一热带气旋和台风形成的高发区，该年形成的台风个数偏少。

第四，1997年冬季，全国普遍气温偏高，出现"暖冬"。入春以后，

▲长江水位超过警戒

华北、江南等地阳春三月雷雪交加，普降中到大雪，实属罕见。1998年春夏之交，青藏高原上的拉萨天气奇热，南方各地暴雨不止，珠江和长江中下游干流洪水普遍超过警戒水位，西江洪水出现50年一遇的重大险情。

上述世界和中国气候的种种异常，究其原因，主要是厄尔尼诺在作祟，厄尔尼诺实属气候异常的罪魁祸首。

本次厄尔尼诺是20世纪有记载以来最强的一次，主要表现为：

第一，海水升温的幅度大。此次厄尔尼诺事件导致赤道东太平洋表层海水温度较正常年份偏高5℃，比1982—1983年的事件还要高出1.4℃。1997年3月以前，赤道东太平洋海水温度还处于偏冷的状态，但此时的热带海洋和大气中已经显露出厄尔尼诺事件的先兆。1996年12月以后，赤道西太平洋上信风强度已明显减弱，使赤道西太平洋的暖水开始向东传输。至1997年2月，有两股暖水先后到达南美洲沿岸，使得南美沿岸和赤道东太平洋的水温急剧上升，3月时南美沿岸海面温度比正常高出1℃，5月时赤道东太平洋海面温度大范围异常偏高1～3℃，厄尔尼诺特征已十分明显了。此后，该现象继续加强，到1997年12月，东太平洋某些水域水温已较正常年份高出5℃，远超过1982—1983年

厄尔尼诺事件的高峰值3.6℃。

第二，海水升温的区域广。此次厄尔尼诺事件增温的水域较以往任何一次都大，增温的水面东西达8000千米，南北约3000千米，水域面积约2400万平方千米。

第三，持续的时间长。若从1997年4月份水温升高2℃开始算起，到1998年消退，历时一年有余，是20世纪有史以来持续时间最长的一次厄尔尼诺事件。

第四，造成的危害大。因这次事件是20世纪最强的一次，因而造成的损失也是空前的。1982—1983年发生的厄尔尼诺曾经造成2000人死亡和130亿美元的经济损失，而本次厄尔尼诺事件给全球造成340亿美元的经济损失，并造成2.4万人死亡。

厄尔尼诺
正在改变我们的世界

　　肆虐的厄尔尼诺就像一个"恶魔"，它带给我们的是恐怖，是全球性的灾难。强烈的厄尔尼诺现象不仅造成渔业萧条、经济作物大量减产，而且给相关国家带来持久的社会和经济影响。如今厄尔尼诺是灾难的代名词，正在严重威胁人类的生存环境和生命安全，它也越来越深入地改变着我们周围的世界。

厄尔尼诺横扫地球

厄尔尼诺现象对全球范围都有着重要影响，从南北极到赤道，很难寻找可以幸免的乐土。因此，从不同纬度地区来观察，我们就能体会到厄尔尼诺发作时覆盖全球的威力。

太阳辐射是海洋与大气运动的原动力，但太阳的短波辐射被海水吸收到的比较多，而海洋上空的净长波辐射损失又不大，因此海洋有比较多的净辐射收入。热带海洋面积广大，而且一年中到达大气层顶的纬向平均能量分布在热带海洋的最多，所以热带海洋可得到最多的能量，在热量储存方面具有重要的地位。海洋表面由于吸收太阳辐射而获得能量，同时以长波辐射、蒸发和湍流交换形式消耗热量来加热大气，海洋和大气间的总热量差额在空间上的差异，构成海洋、大气环流的气候形态，也正是这种空间差异及其在时间上的起伏，导致气候和长期的天气异常。大气对热带海表温度异常有极其明显的遥相应。海水表面温度平均每升高1℃，就会使海洋上空的大气温度上升6℃，造成异常的大气环流，严重地影响世界各地的气候。

由于厄尔尼诺的发生，热带中东太平洋的海温快速地升高，进而导致南美沿岸国家频繁地发生灾害，且异常多雨；同时，减少了西太平洋的降水，甚至使澳大利亚及印度尼西亚发生严重干旱。厄尔尼诺还常引起非洲东南部和巴西东北部干旱，加拿大西部和美

▲太阳辐射

国北部暖冬以及美国南部冬季暖湿多雨。厄尔尼诺与日本及中国东北的夏季低温、降水等也有一定的相关性。此外，厄尔尼诺会抑制西太平洋和北大西洋热带风暴生成，但会使东北太平洋飓风增加。它通过大气环流的作用，还能影响中高纬度地区。

厄尔尼诺导致全球气候异常，引发了暴雨、暴风雪、洪水等多种气候异常现象，以及虫灾、寒冬、泥石流等多种自然灾害，造成大量的人员伤亡和经济损失，严重地影响到世界经济的发展和人类的社会环境及生活。受影响的领域涉及农业、畜牧业、交通运输业和生态环境等，同时也间接影响到贸易和工业生产。

1. 厄尔尼诺对低纬度地区的影响

与其他纬度地区相比，赤道地区接受了更多的日照，环绕着更多的

▲加勒比海

气压团，复杂多变的风向和洋流的频繁互动，给了厄尔尼诺丰富的表现机会。因此，厄尔尼诺对低纬度的影响也有了与其他地区不同的特点。

（1）机理。

厄尔尼诺对低纬度地区的影响主要是通过沃克环流实现的。由于赤道地区偏东信风的影响，海水被吹向西边，赤道太平洋表面形成西高东低的现象，由此在赤道太平洋形成一个西侧海水下沉，东侧海水上升，表层海水由东向西流，深层海水由西向东流的环流圈。由于东侧冷海水上升，赤道东部海温偏低，而西部偏高，于是西部海表大气加热上升，而在东部下沉，形成了沃克环流。

正常情况下，印度尼西亚多降水的原因是赤道东风气流在该地区形成辐合上升气流。而靠近秘鲁地区，沃克环流的下沉气流却形成该地区的干旱环境。当厄尔尼诺出现时，赤道东风减弱或转变为西风，原来处在印度尼西亚的辐合带沿赤道地区东移，秘鲁沿岸的下沉气流减弱，因此，从赤道中太平洋到东太平洋区域降水增加，而印度尼西亚地区则出现干旱天气。

在厄尔尼诺事件发生的情况下，主要增温区的西边，也就是在日界线附近及其西面将有异常积云对流的强烈发展，所以在厄尔尼诺期间，主要降水区由印度尼西亚地区东移到了日界线附近。同时沃克环流也出现明显的异常，其上升支由印度尼西亚地区东移到了日界线附近。

此外，厄尔尼诺还影响热带气旋的生成。在厄尔尼诺年，热带气旋往往偏少；在反厄尔尼诺年，热带气旋往往偏多。在厄尔尼诺年，沃克环流向东收缩，赤道辐合带随之东移，再加上中西太平洋的海温偏低，导致原处于辐合带的西南太平洋和西北太平洋热带气旋减少。

此外，有专家认为，在印度洋存在东部上升、西部下降的反沃克环流。厄尔尼诺年由于赤道东太平洋海温偏高，空气上升对流加强，从东太平洋吹向加勒比海和墨西哥湾的西风增强，使其对流层中上层反气旋性减弱，同时高低层间风速垂直切变变大，不利于飓风形成。而在反厄尔尼诺年，低纬太平洋上空东风增强，对流层中上层风速垂直切变变小，利于飓风形成。对于东南印度洋，厄尔尼诺年东部上升支减弱，赤道辐合带西移减弱，同时东南印度洋上空的东风也减弱，可能致使对流层中上层风速垂直切变变大。这两种结果均可导致热带气旋偏少。

（2）影响。

厄瓜多尔南部、秘鲁和北智利：

南半球夏季持续的、有时是超大的阵雨和雷雨，会使秘鲁北部沙漠河流冲蚀极度加大。1983年3月至4月，秘鲁有些河流的河床由400米宽扩大到2000米，砖房、公路、桥梁、饮用水线路的破坏十分频繁，还存在一些像甘蔗地、棉花地灌溉水渠的破坏和水土流失这样的特殊问题。公路、铁路在很多地方由于山崩被截断。异常的高湿度及饮用水的污染导致了疟疾、伤寒热、结核病、皮肤病的传播。

哥伦比亚1969—1992年间的6次厄尔尼诺事件引起疟疾的大范围传播。厄尔尼诺时期反常的湿热天气加大了能传播疾病的蚊子的分布范围。秘鲁和厄瓜多尔海域鱼产量大幅减少，使鱼粉价格上升了35%。1997年，世界鱼粉产量也因厄尔尼诺比上一年减少175万吨。

澳大利亚及东南亚诸岛：

在太平洋西边，厄尔尼诺事件也有严重的影响，但由于稳定而相对寒冷的海面存在，这里的天气状况与上述情况正好相反。随着对流过程的减弱，澳大利亚夏季季风减弱。专家于1998年从26个经过调查的厄尔尼诺年中选出22个，研究后发现厄尔尼诺对澳大利亚1/3的大陆，尤其是对小麦种植区和洛克汉普顿、墨尔本、阿德莱德之间的三角牧场区有极其重要的影响。在厄尔尼诺年，不仅降水量下降，而且天气变化加剧，干旱期延长。总体来说，澳大利亚经济遭受的损失是十分严重的，尤其是农业部分。1982—1983年的厄尔尼诺使澳大利亚农业产量下降18%，农产品出口下降。

在澳大利亚，有一些树林对火灾十分敏感。1982—1983年期间，因为干旱，森林之火席卷了澳大利亚5000平方千米土地。森林火灾甚至威胁到了悉尼。

长期的异常干燥也给东南亚诸岛带来了严重的影响。1982—1983年，婆罗岛的大部分热带雨林被自然或人为原因引起的大火烧毁了。1997年，东南亚的环境也因印度尼西亚大火所产生的浓烟受到严重污染，严重威胁着人们的健康和安全，且污染危及全球。由于大火蔓延数月，能见度极低，撞车、撞船事件不断发生，大批民航班机被迫停航，甚至还造成一架民航飞机失事，伤亡234人。据初步估算，仅印度尼西亚森林大火造成的损失就不低于200亿美元。苏门答腊报道了至少5000起因火灾造成的呼吸困难、支气管炎、哮喘、百日咳病例。

值得一提的还有渔业，1997—1998年，菲律宾的渔业产量减少了10%~15%。

南亚：

20世纪初期，有专家已经预言了印度季风气象与全球气候的关系。在1983年发现的25起气候变暖事件中，有21起伴有印度次大陆的降水减少，

▲干旱导致的森林大火

这与厄尔尼诺现象是有联系的。高压、低水温及大气稳层的大体趋势降低了此地夏季季风雨来源区的蒸发率。另一方面，印度最南端及斯里兰卡的冬季季风降水被更强烈的沿岸东北风所促进。

2. 厄尔尼诺对中纬副热带高压带的影响

中纬度副热带高压带也是厄尔尼诺喜欢光临的地方，此处有来自寒带和热带不同温度水流的互动，也交会了不同方向的信风。沃克环流在这里有着与赤道地区不同的循环途径，厄尔尼诺也在这里充分展示了其变化无常的本性。

（1）机理。

20世纪60年代，人们首先发现赤道东太平洋海表温度与低纬大气环流间有密切的关系，而且不仅通过沃克环流对低纬大气环流产生异常，还通过哈德莱环流对北半球中高纬地区大气环流产生影响。根据哈德莱环流圈的形成过程可以看出，赤道地区的海洋温度高低对哈德莱环流的强弱影响很大。当厄尔尼诺发生时，赤道东太平洋海温比常年偏高，因此哈德莱环流将加强。而在拉尼娜现象发生时，哈德莱环流就偏弱。哈德莱环流的强弱直接影响由低纬度向高纬度输送热量和水分的多少，并最终影响到远距离气候的异常。

厄尔尼诺期间，沃克环流减弱而哈德莱环流增强，而且沃克环流的变化可促使海温变化，而哈德莱环流的变化则反映了对海温变化的响应。赤道东太平洋海温异常时，哈德莱环流变化可以达到50%以上，而沃克环流的变化仅为15%左右。

中国科学家陈列庭根据1957—1976年太平洋的月平均海平面气压和海温资料，分析赤道东部海温与北太平洋平面气压场的时滞相关，发现了三个时滞相关最大的区域：一个在北太平洋东南部热带高压所在地区（简称A区），超前赤道海温2个月，为负相关；一个在北太平洋中部，大约与对流层中层副高中心的位置对应（简称B区），落后赤道海温4个月，为正相关；另一个在阿留申低压地区（简称C区），落后赤道海温2个月，为负相关。各时滞相关系数都在0.4以上，远远超过0.001的信度要求。

分析发现，如果北太平洋高压在A区附近异常发展时，赤道东风加强，冷水平流和上翻也加强，赤道冷水带发展。这样，哈德莱环流上升区海洋对大气的加热量就减少，哈德莱环流减弱，北太平洋副热带高压主体的强度也减弱，B区海平面气压下降。随着B区气压越来越低，其影响东传，使东部A区气压也开始下降。另外由于C区气压偏高，因此副高北侧西风带的气压梯度减小，信风减弱，它反过来使赤道信风减小，冷水平流和上翻减弱，赤道海温升高。这样，哈德莱环流上升区海洋对大气的加热量就增多，哈德莱环流加强，北太平洋副热带高压加强，B区海平面气压升高。它们彼此相互影响，相互反馈，相互调整，形成了一种闭合的相互制约的负反馈过程。这个过程从开始到结束大约要经历22个月，约相当于北太平洋副热带高压和赤道海温共有的3.5年振荡周期的一半时间。

（2）影响。

中美洲：

根据对哥斯达黎加年度、季度降水的研究表明，在一定程度上，其可观的年度变动与厄尔尼诺现象有关。厄尔尼诺年的热带风暴和飓风比正常年份少。东北信风从北大西洋泛气旋穿越地峡，猛烈吹向赤道中太平洋暖水域上位置变动的赤道辐合带。

加勒比地区更加强烈的表面辐合及对应的更加低的表面温度妨碍了热带气旋的形成。这限制了沿岸西风，并加剧了哥斯达黎加太平洋沿岸9月到10月的地区性干旱。被加强的亚热带对流层上部气流引发了强烈的冲击，进而阻碍了积雨云的形成。

1998年，巴拿马中部地区受到干旱的严重袭击，30万人受灾，全国牛奶减产35%，约7万平方千米玉米失收，农牧业至少损失1.5亿美元。另外，干旱使巴拿马运河缺水，航运受到影响。尼加拉瓜旱情严重，该国

▼积雨云

▲泥石流

政府请求联合国提供了340万美元的紧急援助；哥斯达黎加由于旱灾，农业、渔业和牧业生产损失数千万美元；洪都拉斯进入雨季后长时间全国滴雨未下，生活用水及供电紧张。

非洲东部及东南部：

与印度相似，厄尔尼诺年非洲东南部、马达加斯加岛的夏季降水减少，马达加斯加岛还发生了大范围的蝗灾，使粮食生产雪上加霜。

然而在东非的赤道地区，在微弱的东南风促进下，刚果河潮湿的空气很容易引起更大的降水，而寒冷年则恰恰相反。在拉尼娜年里，更加深重的赤道低压及印尼群岛上潮湿的空气会导致东非沿岸西南风加强。夏季规律性的降水、拉尼娜事件及赤道气旋的组合引起了2000年2月至3月莫桑比亚灾难性的洪水；常年少雨的索马里，暴雨使河流决堤，山洪暴发，1300人死亡，数十万人受灾，10万人逃离家园；肯尼亚有1/3的农田被淹，乌干

达暴雨不断，公路被冲毁，桥梁坍塌，山洪还引发了泥石流。湿润的空气引发了疾病的肆虐。巴布亚新几内亚的一些地区，霍乱和饥荒夺去了251人的生命；登革热在委内瑞拉特别猖狂，总统宣布进入卫生紧急状态。肯尼亚水灾造成水质污染，霍乱再度发生，仅西部就有54人死亡。

巴拉圭、阿根廷东部、乌拉圭、智利南部、巴西东北部：

在厄尔尼诺年，南太平洋高压的减弱被南大西洋反气旋的加强所弥补，这种高压环流在夏季南半球占统治地位，并抑制了美洲南端甚至亚马孙和出海口上方热带大气压下可抵达高空的对流的发展。长期的高压会在巴西引起严重的干旱。较高的农业人口密度导致了南方工业中心的移民。1877—1879年的干旱曾造成近100万人死亡，而直到今天，干旱的威胁仍然持续着。亚马孙移民地的政策也部分建立在这种危险之上。1998年早期，干旱引起的森林大火摧毁了60平方千米的植物和热带雨林，是90年来后果最严重的一次。

中纬气压梯度因为中东部太平洋上空更多的气流被排进对流层上部而增大，气流推动力也随之增大。与之相关的较弱的对流层西风也被加强了。在其扰动气流的影响下，降水增加，尤其是冬季的上风位置。智利南部就是这样。而安第斯山、科迪勒拉山脉的另一边，专家从16起经过调查的厄尔尼诺事件中找出14起，证实乌拉圭、巴拉圭、阿根廷中部、巴西南部夏季降水的增强与西风有关。丰沛的夏季降水给阿根廷、乌拉圭草原带来了丰收。而另一方面，阿根廷内河沿岸大片地域在1998年4月被洪水侵袭，这是阿根廷历史上最大的洪水之一。

欧洲，北非，亚洲北部、中部：

在地球上还存在着这样一种地方：冷暖气候对其区域气候的影响甚

▲厄尔尼诺为乌拉圭草原带来丰收

微，如北非、中北亚和欧洲的大部分地区就是这样。比如说，在欧洲的中部，低压系统的数量也许会因暖事件而微弱增多，相反因冷事件而微弱减少，但总的来说，这种远程联系是很弱的。

厄尔尼诺带来的反常的气候，让韩国成为了最大的受益者。厄尔尼诺来临时，韩国风调雨顺，日照丰富，能源得到节约，蔬果减价，呼吸道病患明显减少。

3. 厄尔尼诺对高纬度地区的影响

在厄尔尼诺发生时，赤道东太平洋海温偏高引起北太平洋副热带地区高度场异常偏高（即高空气压偏高），而副热带高压到北美北部地区的高度场异常偏低，北美大陆偏东一侧高度场偏高，这样形成波动式的高度场变化，从而引起北美地区的气候异常。

（1）机理。

一般情况下，厄尔尼诺是通过类似哈德莱环流的机制对高纬度地区造

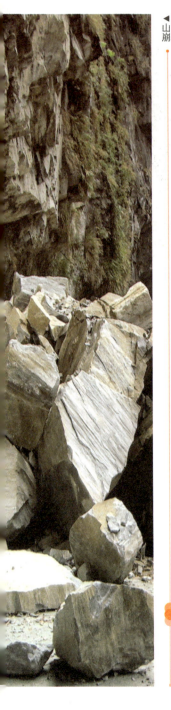

成影响的，以二维罗斯贝波列形式，将低纬能量几乎同时频散到中、高纬度的若干个大气活动中心，如冰岛低压、北美高压和乌拉尔高压脊等，并且对中高纬度太平洋—北美（PNA）型大气环流产生影响。

PNA指的是环流高度场的距平变化，具体到实际的大气环流上，则表现为环流形势和槽脊的变化。正常情况下，北美西岸吹平直的西风气流，但在厄尔尼诺现象发生时，PNA从北太平洋副热带高压到北美是正—负—正的环流距平形势，这样在太平洋上出现了一个低压槽，而北美大陆被一个高压脊控制，脊前吹偏南气流，携带暖空气使北美西岸北部地区气温升高。

另外，北美东岸处于西风带波动的第二脊前，受偏南气流的影响同样会出现气温偏高异常。而美国南部地区正好处于两脊之间的低压槽内（或槽前），产生相对比较多的降水。总之，厄尔尼诺导致的PNA型环流的变化，使得太平洋到北美的高空环流形成更多槽脊活动，由此在气候上产生更多的冷暖异常和干湿异常。

（2）影响。

北美：

厄尔尼诺现象期间，西风的加强对北美天气影响重大，和巴塔哥尼亚西部高原类似，加州、俄勒冈州及阿拉斯加州的北部沿岸降水增加。由于多起山崩，加州沿岸传说中的高速路一号于1998年被截断。此外，冲蚀破坏作用也十分明显。

但是，据美国气象学会会刊说，美国某著名气象专家根据他对厄尔尼诺现象的影响所作的统计，对厄尔尼诺的"灾害"定义提出质疑。其研究成果表明，厄尔尼诺大半是天使，小半才是魔鬼。原因是，厄尔尼诺于1997—1998年期间在美国救了850人，导致189人死亡。另外，它还大大促进了经济发展。厄尔尼诺的确给美国东南部的一些地区和西南部的加利福尼亚州带来暴风雨，造成了天灾，但北部和中西部地区冬天气温变暖，遏制了大西洋刮来的飓风，所以东海岸近年来不再发生冻死人的现象，并且节省了大量过冬救灾物资。在冬天的时候，人们无需整天烤火，户外活动增多，健康得以改善，经济上也有良好的发展。

而在拉尼娜事件期间，情况恰恰相反。气流减弱使得美国东部上空静止的气团得以形成，中纬低压系统也趋于减弱，这方便了阿拉斯加、加拿大西部和太平洋北部的频繁的阻塞气流环境及较冷空气的积聚。在美国南部，同样低的循环条件指数导致了更干燥、阳光更充足、更温暖的天气。这种情况与南半球亚热带地区的乌拉圭、巴西南部的冬季一样。

4. 厄尔尼诺肆虐海洋

厄尔尼诺惠及部分国家和地区的"善举"并不能改变它的一贯形象，人们仍然将它视为来自海底的"恶魔"。出身决定了它的主要活动场所，厄尔尼诺来自海洋，同时也将自身的力量投回了海洋，掀起了属于自己的巨大波浪。

厄尔尼诺现象及同时出现的南方涛动表现为在太平洋海面形成一条巨大的热带暖流，使海水比往常增温3～6℃，从而导致大量浮游生物及鱼类

的迁移或死亡。同时海洋与大气作用产生湿热空气形成风暴潮，进而干扰大气环流，导致全球气候异常。

厄尔尼诺的出现可导致稳定的富有营养的冷上升流的迁移或减弱，并使南美洲西岸、赤道太平洋东部和中部大范围内海水温度增高。由于洋流异常和海水温度升高，南美洲外海局部水域的盐度升高，氧的含量也有一定程度的下降。此外，厄尔尼诺会使从海洋深处到海面的二氧化碳减少。

在厄尔尼诺期间，由于上升流的迁移和减弱，从深海中带来的营养盐急剧减少，从而导致了藻类数量的减少。此外，二氧化碳的减少也影响了藻类数量。

海洋鱼类多为狭温性动物，对水温变化十分敏感。厄尔尼诺发生时，海水温度升高，对鱼类产生不利影响，尤其对鱼类繁殖和个体发育周期影响更大。温度升高会使鱼类产卵时间提前，产卵数目不稳定，孵化率降低，孵化速率增加。1972年的厄尔尼诺使秘鲁鳀鱼的产卵率只及正常年份的1/7。而且温度升高会使某些鱼的体重和体长增加，但平均寿命缩短，这是由于鱼的能量代谢加快、耗氧率增加。

厄尔尼诺造成藻类的迁移或消失，使鱼类不得不迁移他地以寻找食物。溯河性洄游的鱼类具有严格的入海和溯河而上的期限，水温增高会使鱼产卵和幼鱼入海的时间发生变化，从而使鱼在厄尔尼诺期间改变洄游的时间、路线。此外，海洋洋流的变化也会影响那些借其完成被动迁移的鱼类的生活。

在厄尔尼诺期间，藻类数量下降将使以藻类为食的鱼类种群密度明显下降，同时仔鱼由于在关键时刻找不到足够的食物而成活率下降。1992年的厄尔尼诺使美国南加州海岸沙丁鱼的数量减少，并且有12种亚热带鱼的生活海域向北扩展。在厄尔尼诺期间，上升流的异常还导致了上升流群落的异常。某些海洋生物种群发生了较大的变化，并波及与其联系紧密的其他生物种群，产生连锁反应。如温度升高可使硅藻数量减少，而绿藻数量可能增多。这种种群的变动将影响群落的生物多样性。

浮游植物生产量是受营养盐因子限制的，例如在秘鲁上升流生态系统中，浮游植物对氮的需求主要由裂嘴鱼和浮游动物的代谢物提供。当厄尔尼诺发生时，浮游植物的减少导致了以其为食物的鱼类的减少，反过来鱼类的减少又使浮游植物数量剧减，由此形成一个恶性循环，最后维持在一个很低的数量水平上。

此外，在生物生产量方面，秘鲁上升流在常年可维持8～9个月的高产量时期，而在厄尔尼诺期间，由于上升流中断，生物生产量减少。环境改

▼海藻也深受厄尔尼诺影响

▲厄尔尼诺间接影响海鸟

变时，生态系统的调整将通过组成生态系统的生物种群的变动反映出来。所以，厄尔尼诺发生时，海洋生态系统被扰动而偏离了正常状态，于是生物种群发生迁移或减少。在上升流生态系统中，还有一种突出的特点就是食物链短，能量转换率高。这种简单的食物链往往不稳定，很容易受到外界因素的破坏。但是在上升流生态系统中，生物大多为非密度制约的r对策者，在厄尔尼诺发生后，虽然其数量减少，但可以通过迅速增殖而恢复到较高水平。

据资料记载，1982—1983年厄尔尼诺现象引发的异常气候，使厄瓜多尔和秘鲁等南美沿岸地区的海温升高，进而养料丰富的冷水区范围越来越小或消失，导致许多海洋生物死亡。某些种类的海洋生物在水域中重新分布，从而影响了整个食物链。如秘鲁鳀鱼喜欢生活在浮游生物非常丰富的

16～18℃的冷水区内，由于厄尔尼诺使该冷水区海温升高，而上翻冷水带来的营养盐类减少，导致鳀鱼的数量明显减少，于是许多常见的海洋生物消失。这又导致该区许多海鸟因海上缺鱼少食而大批死亡，相应以鸟粪作为工业原料的企业遭到了致命打击。厄尔尼诺现象带来的海洋生态环境破坏，海洋生物锐减，直接破坏了海洋生物和人类食物链，实际上已构成对人类和生物生存的威胁。

虽然厄尔尼诺在其发生时期会对海洋生态系统造成危害，但一般不会导致海洋生态系统的彻底崩溃。

厄尔尼诺最直接的危害莫过于对渔业的影响，它使世界上几大渔场大幅度减产。鱼类减少也影响到海鸟和海洋哺乳动物，使其因缺少食物而大量死亡。同时，厄尔尼诺还导致了全球性的气候异常。1997年受厄尔尼诺影响，仅中国东海海域就发生多次海洋灾害，直接经济损失达260亿元人民币。气候异常还造成陆地生物灾害，如20世纪90年代中国华北平原冬季异常偏暖，棉铃虫越冬存活率高达70%～80%，严重影响了第二年的棉花产量，对中国的经济作物生产造成了较大影响。

当前，厄尔尼诺的发生频率逐渐增强，但人们对其影响的了解还相当少。由于其发生区域十分广阔，机理异常复杂，所以应加强国际合作，联合相关学科的科学家，在广泛的区域内对海洋、气候和生物作长时间系统化的调查研究，掌握基本的数据，力求从中发现规律。

此外，研究中应注意时间的持续性，即厄尔尼诺发生一段时间后，海洋生物及生态系统才开始变化，而此时生物周围的环境又发生着新的变化。这种时间交错带来的后果，需进一步加强研究与探索。

厄尔尼诺影响了全球气候

随着对厄尔尼诺的不断深入监测、分析和研究，我们可以发现，它已远不是南美秘鲁沿岸小范围的海水变暖及引起当地降水猛增的局部现象，而是全球范围的气候异常或年际变化，因而它几乎可作为全球气候变异并会对人类造成巨大影响的征兆、强信号和源头之一。

一般说来，厄尔尼诺造成的气候异常，在低纬度热带地区比较明显，也就是说厄尔尼诺与热带地区气候异常的相关性程度较高。在中、高纬度非热带地区，由于那里的气候异常还有其他的成因，因此与厄尔尼诺的相关性不高。历史上的每一次厄尔尼诺事件，在全球范围内造成的气候异常分布，基本上是大同小异的。如旱涝区或冷暖区的分布状况，都比较固定，有规律。相反，历史上的每一次拉尼娜事件，它所引起的气候异常在全球分布的状况重复性很差，基本不相同。本章主要以20世纪最强的一次厄尔尼诺事件，即1997—1998年的厄尔尼诺事件所引起的全球气候异常或灾害为具体例子，来说明其对人类社会的影响。

据资料记载，自1861—1998年的100多年间，共发生了31次厄尔尼诺事件。1997—1998年的厄尔尼诺事件被世界公认为20世纪气候异常最严重的一次，创100多年来的最高纪录。厄尔尼诺引发的世界气候灾变，具体说来就是打乱了亚洲的季风规律，给亚洲一些地区带来飓风和暴雨，给南美洲、南非、澳大利亚等地区和国家造成暴雨或干旱等灾害性天气。即在一些不该下雨的干旱气候控制的沙漠地区下了过多的雨，并暴发洪涝灾害；而原本多雨的湿润气候带控制的区域却出现降水量大减或严重干旱现象，甚至引起高纬度部分国家出现异常灾害性天气或自然灾害。

地球上一些常年不下雨的沙漠或干旱地区，在1997—1998年度的强厄尔尼诺现象

▲暴雨来袭

中，遇到了暴雨和洪水的袭击，人们的日常活动受到直接影响，许多人无家可归，感觉是好事。如美国加州西南地区洛杉矶海滨，在1997年12月5日这天出现了入冬以来的首场大暴雨。12月6日，美国加州南部海岸暴雨成灾，洪水至膝，阻碍了交通，许多人只能在警察的帮助下离开住地。东非索马里在1997年11月至12月受到一个多月暴雨的侵扰，而成为东非受洪灾肆虐最重的国家， 1400多人死亡，23万人无家可归，600平方千米良田被淹，2.1万头牲畜死亡。与其毗邻的埃塞俄比亚、乌干达等国家也相继受

▲暴雨成灾

到这场洪水的侵扰。

　　分布于赤道西太平洋的印度尼西亚、巴布亚新几内亚和澳大利亚东北部地区，赤道带附近的赞比亚、马拉维、莫桑比克、博茨瓦纳、津巴布韦等南非诸多国家，以及一些降水十分丰富的热带雨林地区，在厄尔尼诺现象爆发时，均不同程度地出现降水减少。如印度尼西亚本是个雨量充沛、森林密布的岛国，受热带雨林气候控制，年均降雨量为2000～4000毫米之间。受1997—1998年度厄尔尼诺影响，往年9月前后开始的雨季推迟了3个月，造成印度尼西亚发生严重干旱缺水，使该国发生了一场举世关注的森林大火。厄尔尼诺形成的持续干旱无雨天气，使大火一发而不可收拾，烧毁森林约960平方千米，估计经济损失高达1250万美元。

1997—1998年度发生的强厄尔尼诺现象，使地中海区域的国家、东欧地区以及亚洲一些国家，一向比较凉爽舒适的气候变得热浪滚滚。如欧洲南部的阿尔巴尼亚、意大利、希腊等国，在1998年7月上旬的高温热浪中，不少人丧生。尤其是意大利西西里岛上的锡拉库萨的气温一度达到46.6℃，这也是意大利境内出现的最高气温。东欧的罗马尼亚、保加利亚等国家遭到数十年来最为严重的热浪袭击，气温普遍超过40℃，一些人因酷热死亡或中暑，医院和医疗急救中心人满为患。匈牙利首都布达佩斯电车输电线因高温严重变形，全市电车被迫停止运行。乌克兰的气温达到1930年以来的最高水平，甚至一些东欧国家商店的空调和电风扇被抢购一空。俄罗斯首都莫斯科6月份平均气温常年仅16.8℃，1998年6月15日气温竟高达34.7℃，而俄罗斯的伏尔加地区则日最高气温达40℃，创历史最高纪录。亚洲的土耳其、塞浦路斯的日最高气温都在40℃以上，日本最高气温则达40.3℃，比正常年份高出10℃以上。

墨西哥西部出现了自1881年2月8日以来最严重的暴风雪，大部分地区积雪达40厘米，给人们的日常生活带来了不便。俄罗斯的莫斯科市，在1997年12月15日夜受寒流袭击，气温降至-33℃，打破了保持115年的同期最低气温-26.5℃的纪录，是俄罗斯自有气象记录以来该地气温最低的一夜。同日，俄罗斯的阿尔汉格斯克最低气温达-42℃，北部的科米共和国为-45℃。南非按常规在刚入夏的9月份，最热不过25℃，但1997年受强厄

尔尼诺影响后，全国大部地区在9月27日至30日温度都超过30℃，比勒陀利亚市9月29日气温高达35.2℃，为13年来所少见。27日，北开普省和姆普马兰加省最高气温达40℃，创历史最高纪录，游泳池人满为患，汽车爆胎、交通事故猛增。巴基斯坦西北边境省1997年8月26日至27日的暴雨打破了66年来最高雨量纪录，其中拉瓦尔品第地区24小时降雨量高达320毫米。

▲游泳池人满为患

1. 厄尔尼诺带来饥荒

1998年1月，联合国粮农组织在罗马发表的"粮食展望"报告中指出，1997年的强厄尔尼诺现象，已造成全球部分地区粮食大幅度减产，世界粮食储备下滑，粮价上涨，部分地区将面临饥荒。如太平洋地区、东南亚、加勒比海和南美地区粮食总产量比1996年下滑15%，使全球粮食储备下降了2个百分点，并且除大米以外的各种粮食价格都有不同程度的上涨。美国的面粉价格已从1997年9月的每吨150美元涨到10月的每吨158美元，比1996年同期平均每吨上涨22美元。

南半球的干旱和酷热，导致类似20世纪80年代大饥荒现象的出现，在贫穷落后的国家尤为突出。1997年世界29个遭受饥荒的国家中，非洲18个，亚洲、东欧各5个，拉丁美洲1个。又如，亚洲的印度尼西亚、越南等国水稻减产10%～15%，既是产粮大国又是人口大国的印度粮食减产15%～25%，朝鲜农业几近瘫痪，不得不向国际社会求援。撒哈拉沙漠以南非洲的莫桑比克多数农作物颗粒无收；赞比亚主要产粮区大部分玉米枯死，30万户家庭面临饥荒；马拉维900万人口中有670万人需粮食救助；斯威士兰、莱索托及博茨瓦纳等国作物无水灌溉；津巴布韦100万人中有一半面临忍饥挨饿的命运……

厄尔尼诺不仅使南非土地龟裂，庄稼枯死，还导

厄尔尼诺为我们带来了什么

致急剧增多的蝗虫与人争食。不少非洲土著人在深受干旱、饥荒和蝗虫困扰后，只好以蝗虫充饥救命。由饥荒带来的营养不良等问题，严重制约了非洲地区的发展。

2. 厄尔尼诺带来瘟疫等传染病

厄尔尼诺带来的反常气候会造成一些可怕的传染性疾病在全球范围内传播。

气象专家在分析其原因时指出：由于厄尔尼诺年的冬季气温偏高，各种病虫冻死的基数偏小，成虫繁殖基数加大，造成各种虫害增加，给人类的卫生健康带来了危害。如瘟疫的传播载体——啮齿类动物（老鼠）、昆虫（蚊子和苍蝇）、微生物（一些有毒水藻）在上述适宜繁殖的环境中，数量急剧增加，从而导致人类被传染瘟疫的可能性大增，加上洋流和大气的大范围转移活动，使瘟疫的传播范围猛增。

据美国科学促进协会主席、气象学家统计的结果，1871年至今，世界7次霍乱大流行的周期和厄尔尼诺现象出现的周期基本一致，这是升温的海水中有机质和含盐量降低后，对霍乱弧菌的载体——浮游生物的抑制作用降低和繁殖作用加大而形成的。此外，厄尔尼诺还会造成钩端螺旋体病（外耳氏病）、流行性肝炎、疟疾、腹泻、痢疾及东方马脑炎等恶性传染性疾病的流行。

3. 厄尔尼诺带来空气污染等灾难

1997年的厄尔尼诺产生后，印度尼西亚发生严重干旱。当地烧荒垦地引起的森林大火所造成的污染性烟雾，不仅给本国带来了严重的经济损失，还引发了空难、海难事件，对泰国、菲律宾、文莱、马来西亚、新加坡等东南亚国家的旅游业、电子工业、人们的身体健康及日常生活等造成

▲干旱导致粮食减产

了重要影响，并带来难以估计的损失。

1997年9月26日，从印度尼西亚首都雅加达飞往苏门答腊东北部梅兰市的一架A300客机，因森林大火的污染性烟雾导致能见度降低，视线不清，在降落时撞上大树，坠毁在机场以西32千米处的稻田里，机上234名人员无一幸免，全部遇难。在坠机事件发生不到10小时的26日晚上，印度尼西亚森林大火烟雾笼罩的马来西亚迪克森港附近的马六甲海峡，因能见度只有500米，维克拉曼1号轮和芒特1号轮发生相撞。5分钟内，维克拉曼1号轮船身断为两截，迅速下沉入海。船上除5人跳海获救外，其余29人生死不明。印度尼西亚森林大火不仅烧毁了大面积的热带丛林和耕地，引发了饥荒和疾病流行，而且还赶走了旅游者。电子企业因烟雾性大气污染而不得不运用空气净化设备。马来西亚整日笼罩在森林大火的烟雾中，白天如同傍晚，空气中飘荡着大量灰尘，商店被迫早早关门。为防止吸入有毒烟雾，尽管居民尽量待在家中，关闭门窗，行人上街戴上口罩，但呼吸道疾病发病人数仍超过5万。受烟雾侵袭最严重的沙捞越州首府古晋市，9月23日能见度仅1米，污染指数超过700点（超过500点就对人体有害），导致航班延期，海上

▲森林大火的烟尘导致能见度降低

航行困难，渔船无法外出作业。

在东南亚国家中，有着花园城市美称的新加坡、泰国、菲律宾和文莱等国，也不同程度地饱受了这场污染性烟雾之苦，并遭受了一定的经济损失。因此，印度尼西亚森林大火被世界传媒称作"世纪环保灾难"。由于人为的乱砍滥伐、毁林焚烧耕作、开发建设、过度放牧及采集薪柴等，热带森林大面积减少。1991—1995年间，世界上平均每年失去11.3万平方千米净森林，现全球拥有的3500万平方千米森林已比1700年时减少23%，所以，我们必须保护被人们誉为"地球之肺"的森林，让它通过吸收大气中的二氧化碳调节气候，减少水土流失，减少物种消失的危险。

1997—1998年度的厄尔尼诺，给那些以生产和出口基本农产品——蔗糖、可可、咖啡和茶叶为主的国家造成了巨大影响，带来巨额经济损失。如泰国蔗糖产量从570万吨降至500万吨，比上年度下跌10%～15%。肯尼亚茶叶产量下降至少20%。澳大利亚农业的年度财政损失达13.5亿美元。印度尼西亚的咖啡豆产量比1996年度下降40%。

厄尔尼诺在中国

厄尔尼诺现象引起全球性气候异常，并诱发各种自然灾害。在中国，带来的直接而显著的影响则是打乱季风规律，出现异常暖冬、南凉北热、南涝北旱的异常气候，给国民经济造成巨大损失。

1. 厄尔尼诺带来异常暖冬

自1986年以来，中国已连续出现11个暖冬。其根本原因是现代工业排放二氧化碳气体形成的温室效应，使全球气温上升，出现气候变暖。全球气候变暖的特点是：北半球比南半球明显，高纬度比低纬度明显，冬季比夏季明显，夜间比白天明显。中国地处北半球中高纬度地区，冬季极易出现暖冬现象。

从历史上看，厄尔尼诺年中国容易出现暖冬。在1997年以前13次厄尔尼诺现象中，除1997年外，12次都是暖冬气候。如1983年年初，中国北部地区异常温暖，哈尔滨、沈阳、呼和浩特、乌鲁木齐和济南1月下旬气温为30年来最高值。由上可知，暖冬不一定由厄尔尼诺现象引起，但厄尔尼诺发生时则一般出现暖冬现象。尤其进入20世纪90年代以后，随着人类活动的加剧，全球气候不断变暖，厄尔尼诺现象出现的频率加快。因此，必须注意保护人类生存的地球大气空间。

2. 厄尔尼诺与中国夏季北热南凉

按惯例，中国夏季一般呈现南热北凉格局，夏季高温地区历来在长江中下游一线，其中就包括以"三大火炉"著称的南京、武汉、重庆。但1997年厄尔尼诺年却出现"三大火炉"两个"熄火"、酷暑中心移至黄河流域，与往年完全相反的北热南凉的气候奇观。据气象部门实测天气记录，1997年，长江"三大火炉"不火，除重庆的气温与往年接近外，南京、武汉日最高气温竟无超过36℃，两地35℃以上高温日数分别为9天和13天，比以往炎热年份少20～30天。相反，北方城市个个赛似昔日"三大火炉"，35℃以上高温天数济南达37天，郑州达31天，石家庄达39天，西安竟达57天，均破当地历史纪录，连北京也出现了20天的高温日数。

1997年，中国整个夏季高温中心在冀中南、鲁西、豫北、晋南和陕

▲农田被淹

西关中，刚好在黄河一线，日最高气温达39～41℃，而整个华北、西北东部、黄淮地区和东北都保持着大范围的晴热天气，从6月中旬一直延续到8月下旬，平均气温高于常年。该年北热南凉气候也反映在南北城市的气温越往北越热。如7月1日广州、香港气温为26℃，长沙34℃，济南38℃，这种南低北高的气温怪现象，为中国20世纪80年代以来所少见。7月13日，广州市最高气温是22.8℃，为1951年有气象记录以来同期最低气温，许多打惯赤膊的广东人在凉气袭人的暑天都穿起了长袖衫，一时间西瓜几乎无人问津。而夏季一向较为凉爽的华北、东北地区，却出现了罕见的高温酷暑天气和市民抢购空调的现象。7月13日，北京出现自1972年以来38.2℃的最高气温。同日，天津最高气温达39.9℃。一向不知热为何物的"冰城"哈尔滨市民，也在35～36℃的高温中苦度。

3. 厄尔尼诺与中国南涝北旱

中国东南沿海的大部分地区受季风气候控制，每年随着夏季风从南向北推进，降水带也向北移动。每年4月到6月华南地区出现连续阴雨天气，即华南前汛期雨季。6月下旬至7月上旬的初夏时节，降水带移至长江流域，出现持续性降水的梅雨季节。7月下旬至8月上旬的盛夏季节，降水带又移至华北、东北，出现降水集中的雨区。一般盛夏时节，北方雨季降临时，长江流域则进入副热带高压影响的高温伏旱晴热期，而华南地区常为台风等气候光顾的多阴雨天气，又称华南后汛期雨季。

但在1997年厄尔尼诺期间，以上夏季风和降雨带的规律分布呈南涝北旱紊乱势态，气候异常表现十分突出。如1997年华南地区自进入春季雨季后，一直被雨水天气困扰。5月8日，在广东西北部和广州北部地区的从化、花都、清远三市交界处，持续10多个小时骤降暴雨，致使局部地区山洪暴发，河堤漫顶决口，造成严重的洪涝灾害，40万人受灾，几千人无家可归，4万多间房屋倒塌，112人丧生，130平方千米良田受浸，供电、公路等设施被洪水毁坏，经济损失高达13.7亿元。其中，从化（龙潭镇、鳌头镇）、花都（梯面镇）10小时雨量均达400毫米以上，为500年不遇；清远市（源潭镇）在相同时间降水量竟达915毫米，与苏南地区一年的总降水量相差无几。由于暴雨引发了山洪，初建于南北朝梁代（公元520年）、迄今已有1400多年历史并享有"岭南三大古刹"之一美誉的广东清远市飞来禅寺，在不到5分钟的时间内，受山体滑坡和汹涌倾泻的泥石流冲刷，顷刻倒塌，成为一片废墟。

6月到7月本应移至长江流域的雨带，在1997年的厄尔尼诺年中，却仍徘徊在华南地区，形成雨量南大北小、南涝北旱之势。如6月30日至7月2日，三天的雨量广州市为53.7毫米，香港为291.5毫米。尤其是香港，自6月28日至7月18日21天持续大雨天气，7月1日至7月18日18时记录到的679毫米降水量，打破了自1884年有观测以来保持至今达百年的641.5毫米的纪录，使得香港在百年回归祖国的庆典活动期间深受异常气候之苦。澳门以往每年平均降水量为2031毫米，但1997年1月到8月总降雨量已高达2425.8毫米，创40年来年平均降雨量纪录。

同年，中国北方在盛夏雨季来临时节，却遇到了持续干旱少雨的异常晴热天气。6月北方许多省的降雨量为50年来同期最少，7月东北平原中南部、华北平原中北部月降雨量比正常年份少5～9成，8月华北西部、南部及汉水、渭水流域等地区雨量奇少，月降雨量出现自1949年以来同期最少或次少。由于干旱少雨现象严重，黄河断流时间早、持续时间长，断流区段上溯至河南开封市附近，黄河下游及西北大部分地区雨量不足10毫米。

此外，一向雨量适中的长江流域，1997年的梅雨特征不突出，形成

▼潮汐

了入梅偏迟、梅雨期偏短以及大部分地区梅雨量偏少的现象。据江苏省气象台测报，淮河以南大部分地区梅雨量比往年减少2～6成，苏北梅雨量减少7～9成，江苏南部减少5～7成，江苏省梅雨期总降雨量比常年同期减少30%～50%。

4. 厄尔尼诺与台风、暴雨

台风（也称热带气旋）是一种在热带洋面上生成的热带风暴，一般风力在12级以上称台风，8～11级称热带风暴，6～7级称热带低压。

中国是世界上受台风影响较大的国家之一，每年8月到9月，中国东南沿海地区经常受台风侵袭。台风一旦登上大陆，便带来大风、大浪潮及大暴雨。据1951—1980年的资料统计，在西太平洋和中国南海地区出现的台风总数达849次，平均每年28.3次，但对中国有影响的只是其中的一部分。

1997年的厄尔尼诺现象，使中国受西太平洋和南海洋面上生成登陆的台风影响只有4次，比正常年份少一半左右。虽然较往年台风登陆的少，但一般迟来的台风路径比较复杂，也易造成较大损失。1997年8月18日横扫中国福建、浙江、上海、江苏、山东等省的9711号台风，是20世纪90年代以来影响最强的一次。由于9711号台风恰逢农历天文大潮，风、雨、潮"三碰头"呼啸而至，狂风夹着暴雨席卷华东沿海各地，其中浙江是受这次台风影响最大、遭受损害最重的省份。

台风于18日晚19时30分在浙江台州温岭市登陆时，带来了12级以上的大风和200~400毫米的暴雨，使浙江沿海江堤大多漫顶、海塘决口、山洪暴发、海潮猛涨，椒江、临海、黄岩、三门等城区进水，水深有的达2米，经济损失严重。

保护地球母亲

我们生活在地球母亲的怀抱，不得不学着倾听母亲的声音。环境恶化警钟敲响，我们的未来环境令人担忧。地球是人类赖以生存的家园，生态环境是人类发展的基础。在全球气候日益变暖、环境问题日益突出的形势之下，珍爱地球，保护地球生态环境成为我们每一位地球村成员义不容辞的责任。人类在破坏地球环境的同时，也在毁灭着自己。人类只有一个地球，尊重地球就是尊重生命，拯救地球就是拯救我们自己的未来。

保护地球母亲，才能减缓厄尔尼诺带来的灾害；保护地球母亲，才能遏制环境恶化的连锁反应；保护地球母亲，就是保护人类社会的发展之源。

伤痕累累的大气层

大气层覆盖在地球外围，它既是动植物赖以生存的必需物，也是地球天然的保护外衣。整个大气层随高度表现出不同的特点，从地面开始依次向上，分别为对流层、平流层、中间层、暖层和散逸层，最上面是星际空间。

臭氧层是平流层中臭氧浓度较高的部分，其主要作用是吸收短波紫外线。臭氧是由三个氧原子组成的同素异形体，略带臭味，因此被称为臭氧。它具有极强的氧化力，在化学工业中非常有用。臭氧虽然含量很少，但对保护地球生命和对气候的影响却是非常重要的。臭氧能强烈地吸收太阳光中的紫外线，保护地面的生物机体免受紫外线的伤害。

1. 大气臭氧层的作用

太阳辐射是地球上的生物获得能量的主要源泉，太阳的表面温度高达6000℃，是一个巨大的发热体。太阳辐射的紫外光中存在着能量极高的一部分，如果到达地球表面，就会严重地影响地球生物的生存。

地球外围的大气就像一个过滤器、一把保护伞，将太阳辐射中的有害部分阻挡在大气层之外，使地球成为人类可爱的家园。而完成这一工作的，就是今天已经妇孺皆知的"臭氧层"。在地球大气层中有一种蓝色、有刺激性的微量气体，那就是臭氧，是平流层大气的最为关键的组成部分。大气中90%的臭氧集中在距地表20～35千米的平流层下部，其平均密度约为每立方厘米9×10^{-11}克。

臭氧层是在离地面较高的大气层中形成的。高层大气中的氧气吸收波长短于242纳米的光线而变成游离的氧原子，有些游离的氧原子又与氧气结合生成臭氧。大气中90%的臭氧就是以这种方式形成的。但臭氧是不稳定分子，经波长短于1140纳米的射线照射又会分解，产生氧分子和游离氧原子。所以，大气中臭氧的浓度取决于它生成与分解速度的动态平衡。

臭氧层在地球表面并不太厚，臭氧在大气层中只占百万分之几。如果在气温为0℃时，将地表大气中的臭氧全部压缩到101.325千帕的气压，臭氧层的总厚度也才不过3毫米，总质量只在30亿吨左右。就是这样一个不起眼的臭氧层，却吸收了来自太阳99%的高强度紫外线辐射，保护了人类和其他动植物免遭紫外线辐射的伤害。

大气臭氧层就像是保护伞一样，保护着地球上的一切生灵。地球上的一切生命就像离不开水和氧气一样离不开大气臭氧层。

2. 大气中臭氧层现状及发展

臭氧是氧的衍生物，其浓度是随高度变化的，平流层的臭氧浓度最大。正常情况下，位于同一温度层中的臭氧把太阳光中99%对地球生物有伤害作用的高能紫外线吸收了。科学测量数据表明，1978—1987年，全球臭氧浓度平均降低了3.4%～3.6%。有证据表明，破坏臭氧层的主要原因是人类活动排放到大气中的氯氟烃的光化学反应。人类活动排放的含氯氟烃的物质和氮氧化合物，在平流层中通过光化学反应使臭氧减少。

2000年10月，美国国家宇航局的科学家宣布南极上空臭氧层空洞的面积大约为7500万平方千米，这是迄今为止观测到臭氧空洞的最大面积。

南极上空臭氧层空洞的面积增大迅速，特别是近年来有恶化的趋势。

▲青藏高原已现臭氧空洞

1987年，南极上空的臭氧浓度竟然下降到了1957—1978年的1/2都不到，其臭氧层空洞的面积大到足以覆盖整个欧洲大陆。

直到现在，南极臭氧浓度有时还不到30%，且仍在以极快的速度下降，臭氧层空洞的面积也在不断扩大。1994年10月，人们观测到臭氧层空洞竟然在南美洲最南端的上空蔓延。近几年来，臭氧层空洞的面积和深度等都还在持续扩大。1995年观测到臭氧层空洞的发生天数是77天，而1996年时南极平流层的臭氧几乎全部被破坏，臭氧层空洞的发生天数增加至80天。经过进一步的观察，1997年至今，臭氧层空洞的发生时间还在提前。臭氧层空洞的持续时间在1998年已经在100天以上，这次的时间是发现南极臭氧层空洞以来最长久的一次，且臭氧层空洞的面积比1997年时增大了15%，几乎相当于三个澳大利亚的面积。各种迹象表明，南极臭氧层空洞的状况还在进一步的恶化中。

更令人担忧的是，不仅在南极，在北极上空也出现了臭氧减少的现象。美、日、英、俄等国家联合观测发现，北极上空臭氧层也减少了 20%，已形成了面积约为南极臭氧层空洞1/3的北极臭氧空洞。中国气象学者观测发现，在被称为"第三极"的青藏高原的上空，臭氧也正在以每10年2.7%的速度减少，已经成为大气层中的第三个臭氧空洞。

3. 臭氧空洞的成因

臭氧损耗是臭氧空洞的真正原因，那么臭氧是如何损耗的呢？人类活动产生的一些物质进入平流层，并与那里的臭氧发生化学反应，便会导致臭氧损耗，甚至是臭氧浓度减少。

用于冰箱、空调制冷和泡沫塑料发泡的氯氟烷烃等化学物质是人为消耗臭氧的主要物质。

大气中消耗臭氧的物质在对流层是极其稳定的，它停留的时间很长，如氯氟烷烃在对流层中的寿命可以长达120年。所以，此类物质可以扩散到大气的任何部位，但是到了平流层以后，就会在太阳的紫外线辐射下发生光化学反应，释放出很强的游离氯原子或溴

原子，并导致臭氧损耗。这样的反应会循环不断，而且每个游离氯原子或溴原子可以破坏约10万个臭氧分子。这便是氯氟烷烃可以损耗臭氧的原因。

氯氟烷烃及哈龙1211、哈龙1310、哈龙2420等物质一般用作特殊场合的灭火剂，但此类物质破坏臭氧的能力比氯氟烷烃还高3～10倍。在1994年，一些发达国家已经停止生产这三种哈龙。在工程和生产中作为溶剂的四氯化碳和甲基氯仿，同样对臭氧层具有很大的破坏力，所以也被列为受控物质。

国际组织《关于消耗臭氧层物质的蒙特利尔议定书》规定了15种氯氟烷烃、3种哈龙、40种含氢氯氟烷烃、34种含氢溴氟烷烃、四氯化碳、甲基氯仿和甲基溴为控制使用的消耗臭氧层物质，也将其称为受控物质。其中含氢氯氟烷烃类物质是氯氟烷烃的一种过渡性替代品，因其含有氢，所以在底层大气易于分解，对臭氧层的破坏能力低于氯氟烷烃，但长期和大量使用对臭氧层危害也很大。

研究发现，核爆炸和航空器发射等也会把大量氮氧化物注入平流层中，导致臭氧浓度下降。

4. 臭氧层空洞的危害

臭氧可以吸收阳光紫外线辐射中200～300纳米的对地球生物有重大危害的光线，而臭氧空洞就会使这部分光线到地球表面的量大大增加，给地球表面带来一系列严重的危害。

在紫外线中有一部分辐射能量很高的光线叫作EUV，不过，它在平流层以上就被大气中的原子和分子所吸收。从EUV到波长等于290纳米之间的光线叫作UV—C段，它可以被臭氧层中的臭氧分子全部吸收。而另一种波长在290～320纳米之间的辐射光线称为B类紫外线，它也有90%可以被臭氧分子吸收。如果臭氧在臭氧层内减少，地面受到B类紫外线的辐射便会增大。

被B类紫外线灼伤称为B类灼伤，这是紫外线辐射最明显的影响之一，名为红斑病。B类紫外线也可以损害皮肤细胞中的遗传物质，造成皮肤癌。B类辐射增加还会对眼睛造成一些损害，增加白内障的发病率。因此，B类紫外线辐射的增加会降低人类对一些疾病，包括癌症、过敏症和一些传染病的抵抗力。

B类辐射的增加会直接或间接地影响到自然界中的生物和生态系统。

▲航天器发射会把大量氮氧化物注入平流层

例如B类紫外线辐射会危害到20米深度以内的海洋生物，会使幼鱼、虾、幼蟹、贝类和一些浮游生物大量死亡，甚至导致一些生物灭绝。因为海洋里的生物是海洋食物链中必不可少的重要组成部分，所以某些生物的减少或灭绝，都会破坏海洋生态系统。浮游植物可以吸收大量的二氧化碳，若其数量减少，便会使大气中存留更多的二氧化碳，加剧温室效应。B类辐射还会导致一些用于绘画、包装和建筑物的聚合材料老化，使其变硬变脆，使用寿命缩短等。

此外，臭氧层臭氧浓度降低、紫外线辐射增强，反而会使近地面对流层中的臭氧浓度增加，尤其是在人口和机动车最密集的城市中心，进而会

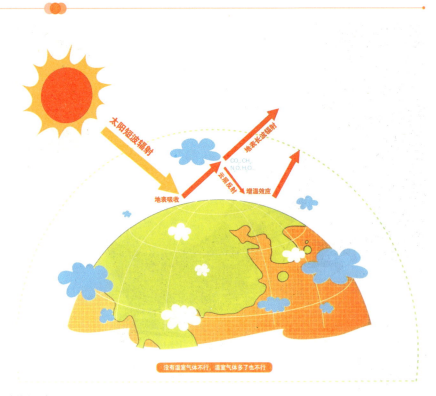

▲温室效应示意图

增加光化学烟雾发生的概率。有人甚至认为，臭氧层中的臭氧含量减少到平时正常量的1/5时，就是整个地球生物死亡的临界点。这一论点虽尚未经科学研究所证实，但至少也表明了情况的严重性和紧急性。

5. 修补臭氧层的措施

杜邦公司在20世纪30年代开发了氟利昂，一个让人引以为傲的产品，且广泛地用于制冷剂、塑料发泡剂、气溶胶喷雾剂以及电子清洗剂等。在消防行业中，哈龙发挥着重要作用。当科学研究证明人类活动已经造成臭氧严重损耗的时候，"补天"行动迅速展开。实际上，现代社会很少会有一个科学问题像"大气臭氧层"这样，由激烈的反对、不理解，迅速发展到全人类采取一致行动来加以保护。

首先，为"大气臭氧层"问题制定国际公约。在专家提出氯原子臭氧层损耗机制后的11年，也就是南极臭氧层空洞发现的当年，即1985年，由联合国环境署发起21个国家签署了《保护臭氧层维也纳公约》，首次在全球建立了共同控制臭氧层破坏的一系列原则方针。

其次，进一步在全球范围内展开行动。1987年9月，36个国家和10个国际组织的140名代表和观察员在加拿大蒙特利尔集会，通过了大气臭氧层保护的重要历史性文件——《关于消耗臭氧层物质的蒙特利尔议定书》。在此议定书中，明确规定了保护臭氧层的受控物质种类和淘汰时间表，要求到2000年时全球的氟利昂消减一半，并且制定了针对氟利昂类物质的生产、消耗、进口及出口等的控制措施。

在进一步的科学研究中，人们发现大气臭氧损耗的状况又一步加重，所以在1990年通过《关于消耗臭氧层物质的蒙特利尔议定书》伦敦修正案，并在1992年通过了哥本哈根修正案。其中受控物质的种类再次扩充，完全淘汰的日程也一次次提前，缔约国家和地区也在增加。到目前为止，缔约方已达165个之多，反映了政府对臭氧层保护工作的重视度以及责任度。联合国环境署规定，自1995年起，每年的9月16日为"国际保护臭氧层日"，不仅要增强世界人民保护臭氧层的意识，还要提高公众参与保护臭氧层行动的积极性。

另外，中国政府和科学家们都特别关心保护臭氧层这一全球性的重大环境问题。早在1989年，中国就加入了《保护臭氧层维也纳公约》，然后又积极派团参与了历次针对臭氧层保护的会议，并且在1991年又加入了修正后的《关于消耗臭氧层物质的蒙特利尔议定书》。中国还成立了专门的保护臭氧层领导小组，编制完成了《中国消耗臭氧层物质逐步淘汰国家方案》。中国已根据这一方案于1999年7月1日冻结了氟利昂的生产。

从这里我们不仅可以看到人类日益紧迫的步伐，而且也会发现，即便如此努力地"弥补"我们上空的臭氧层空洞，但由于从大气中去除消耗臭氧层物质特别困难，预计即使采用哥本哈根修正案，也要在2050年左右平流层氯原子浓度才能下降到临界水平以下。到那时，我们上空的臭氧层空洞才可望开始恢复。

臭氧层保护是近代史上一个十分典型的全球合作的范例，这种合作机制不仅可以为以后解决其他重大问题提供借鉴和经验，也将成为人类的一笔财富。

海洋依旧美丽吗

▲浒苔污染海滩

　　卫星视角里的地球是一个闪烁着蓝色光芒的美丽星体，这是因为其将近3/4的表面积都被海水覆盖着。海洋是被陆地分割但彼此相通的广大水域，面积约为3.6亿平方千米，约占地球表面积的71%。之所以有人称地球为"水球"，就是因为海洋面积远远大于陆地面积。

海洋面积辽阔，储水量巨大，是地球上最稳定的生态系统，也为人类提供了大量的海产品，是人类生存不可或缺的巨大宝藏。海洋能容纳通过陆地径流进入其中的各种物质，而本身却不会发生显著的变化。

然而随着世界工业的发展，海洋污染也逐渐加重。特别是近几十年来，局部海域环境发生了严重的变化，并且还在继续恶化。靠近大陆的海湾的污染是最严重的。密集的人口和工业的发展导致大量固体废物和废水进入海洋，破坏了海水的温度、含盐量和生物种类的数量，加上海湾海岸曲折，水流交换不畅，所以生态平衡遭到破坏。

目前，海洋污染突出表现在塑料污染、石油污染、有毒物质累积和核污染等多个方面。其中地中海、纽约湾、墨西哥和波罗的海的污染最为严重。沿海污染特别严重的还有美国、日本和西欧诸国。在中国，黄海、东海、南海和渤海湾的污染状况已经十分严重，虽然现在汞、铅和镉的总浓度还在标准允许范围之内，但局部区域已经超标；各海域中的石油也有超标现象。中国海域污染最为严重的是渤海，其污染已经造成部分渔场外迁、赤潮泛滥、鱼群死亡和一些滩涂养殖场荒废，且一些珍贵的海生资源正在逐步消失。

简单而言，海洋污染的持续性强，污染源多，扩散范围广且难以控制。海洋污染造成海水混浊，已经严重影响到海洋生物（浮游植物和海藻）的光合作用，对海生鱼类也有影响，且进一步影响到海域的生态平衡。石油污染在海洋的表面形成了面积广大的油膜，阻止空气和海水之间的气体交换，导致海水缺氧，危害到海洋生物的生存，并且祸及海鸟和人类。重金属和有机化合物等有毒物质累积在海域中，通过海洋生物的富集作用，便会对海洋动物和人类造成毒害。因为好氧有机物污染引起的赤潮（海水富营养化的结果）造成的海水缺氧，使得海洋生物大量死亡。海洋污染还会破坏海滨旅游资源。所以，海洋污染已经引起国际社会越来越多的重视。

由于海洋的特殊性质，海洋污染与大气和陆地污染等有着许多不同之处，主要有以下几个鲜明的特点：

一是持续性强。地球上地势最低的一个区域是海洋，它不能像江河和大气那样，可以通过一个汛期或者一次暴雨，将污染转移或消除。一旦污染物进入海洋，就很难再转移出去，一些不会溶解和不容易被分解的物质便会在海洋中越积越多，一般经过生物的富集作用和食物链的传递对人类造成危害。

二是扩散范围广。海洋是一个相互连通的整体，往往其中一个海域被污染了，就会扩散到周边的海域，后期效应甚至会波及全球。

三是污染源广。人类不仅在海洋活动中可以污染到海洋，而且在陆地上所产生的污染物也会通过江河径流、大气或者雪雨冰雹等降水方式，最后进入海洋。

四是防治难、危害大。海洋污染的积累过程很漫长，不容易被及时发现，只要形成污染，就需要用很长的时间来消除影响。其造成的危害也会影响其他方面，特别是会对人体产生一些毒害，而且海洋污染治理费用昂贵，治理难度特别高。

防止海洋污染的措施主要有：环境保护与海洋开发协调进行，要加强对污染源的治理；深入地对海洋环境开展科学研究；健全国家海洋环境保护法制，加强监测、监视和管理；建立消除海洋污染的组织；加强国际之间的合作，共同保护海洋环境。

可怕的火山与地震

▲火山喷发

　　事实证明，厄尔尼诺现象的出现与火山喷发和太平洋海底地震是有关系的，科学家早在1993年就已经证实了东太平洋附近是地球上最大的活火山密集区。在东太平洋附近一个如同纽约州大小的海域里竟然有1133座火山锥和火山。自1963年对太平洋洋脊地区有了详细的地震记录数据后，所有的厄尔尼诺事件都在事先于东太平洋洋隆的部分地区观测到了异常的地震活动。由此认为，厄尔尼诺事件的发生与赤道东太平洋地热活动突然增强的现象是分不开的。

科学家们在探索厄尔尼诺现象的形成过程中发现，20世纪20年代到50年代期间，是火山活动的低潮时期，也是世界大洋厄尔尼诺现象的次数与强度较弱的时期；20世纪50年代以后，世界各地的火山活动进入活跃期，与此同时，大洋上厄尔尼诺现象次数也相应增多，而且表现十分强烈。根据近百年的资料统计，在强火山爆发后的一年半到两年之间，75%左右都会发生厄尔尼诺现象。这种现象科学家们特别关注。有些科学家提出，是火山的爆发导致了厄尔尼诺暖流。环绕太平洋的地震火山相伴着厄尔尼诺事件的发生，近期频繁的地震和火山活动正是厄尔尼诺事件发生的前兆。

国外的研究显示，1964年到1984年，南方涛动指数的5个低值是与沿着东太平洋隆起的地方从南纬20°到南纬40°插入式的地震活动相关的。这个地区包含了地球上最广阔的山脉体系之一，巨大的能量只有通过海底火山和热液活动才能释放出来。假如不管它们没有规律的周期和循环速率，厄尔尼诺事件与地震几乎是在同一时间发生的。过去，最持久的6次厄尔尼诺事件与最反常的插入式地震活动是一致的，它们在1964

年到1992年沿东太平洋隆起从南纬15°到南纬40°同时发生。计算表明，对于圆心角大于90°的海洋地壳板块，潮汐变化产生的地壳均衡运动累加力矩数值巨大，等效应力为10亿牛顿，足以形成板块相对运动，产生地震活动和火山喷发。

据研究看来，北太平洋对北极的半封闭状态和南太平洋对南极的开放状态是厄尔尼诺事件发生的构造基础，强潮汐导致南北半球之间的流体对流和北太平洋海洋热能周期性地向南太平洋输送。

1994年，有专家提出了一个令人深思的问题：为什么1991年大地震发生的时间特别集中且在火山爆发期发生？塔阿尔火山、云仙岳火山以及皮纳图博火山都在同一断层的构造带上。当每次岩浆向上冲击的时候，三座火山便容易同时爆发。1991年5月24日、6月3日和6月8日，云仙岳火山三次爆发；且自1991年3月12日起，塔阿尔火山就频繁颤动，在4月2日一天中震动了27次。在4月4日，皮纳图博火山爆发，紧接着在6月9日、6月15日、6月26日又有三次连续爆发。此外，4月5日到6月20日两个半月的时间，又有连续5次大于里氏7.0级的地震发生在亚太地区。4月5日，秘鲁东北部马丁省发生震级为里氏7.3级的地震；4月22日，哥斯达黎加、巴拿马发生了里氏7.5级大地震；4月29日，格鲁吉亚首府第比利斯发生了里氏7.1级大地震；5月30日，阿留申群岛发生了里氏7.2级大地震；6月20日，印尼苏拉威西海发生了里氏7.2级大地震。

可见，厄尔尼诺事件与火山地震活动有密切的关系。自1963年以来，中国气象工作者对19次强厄尔尼诺事件进行了统计，发现70%以上的厄尔尼诺事件都是与太平洋地震同年发生，尤其是自1990年以来的7次强厄尔尼诺事件，它们几乎无一例外地出现在太平洋活动年。统计也表明，70%以上的厄尔尼诺年都是火山爆发活跃年。近百年全球气候的变化和外强迫因子信号的检测表明，火山活动是影响厄尔尼诺事件最重要的外强迫因

▲地震裂缝

子。它不但揭示了构造活动与气候变化的关系，而且使厄尔尼诺的海底火山说、引潮力说和地球扁率变化说得到有力的支持。

根据模拟实验表明，热水上升和冷水下沉都是沿类似热幔柱状的连续通道上下运动的，与周围热交换极少，也就是说地幔排出的热液会很快地覆盖海洋表面。海洋探测资料表明，在位于东北太平洋的洋脊中有两个地热排泄区，分别是北纬12°～24°、西经110°和北纬40°～50°、西经135°。大量的岩浆从洋脊的轴部溢出，形成了海底火山活动区。1982—

▼火山熔岩遗迹

1983年、1986—1987年以及1991—1992年的三次厄尔尼诺形成之前，这两个地热排泄区（1982—1983年只有其中一个）的表层海水都有持续发展的海面水温正距平区。东太平洋海隆有加拉帕戈斯三合点，中太平洋的莱恩群岛一带有活火山分布。地幔热气的排放与太平洋暖池是相关的，海底的火山在秘鲁和厄瓜多尔西部海域的加拉帕戈斯三合点和热点喷出都会使厄尔尼诺的形成加速。海底火山要比大陆火山强烈得多，平均每年最少有100立方千米的岩浆溢出并形成新的地壳，释放出来的地下热量为4.5×10^{21}

焦耳，远远在地表热量的能量之上。

2008年7月，位于智利南部第九大区的亚伊马火山从1日凌晨就开始喷发。该区政府立即宣布附近的4座城镇进入黄色预警状态，一些城镇甚至疏散了居民。据智利军警通报，亚伊马火山当天喷发的岩浆竟然形成了800米长的熔岩流。此后，亚伊马火山的活动开始减弱，但其附近的地震活动却有所增加。

2008年7月18日，在智利首都圣地亚哥往南1200千米的柴藤市附近，有滚滚的浓烟从柴藤火山口喷出来。柴藤火山从2005年5月开始喷发，渐渐地，火山喷发情况有所加剧。由此可见，火山喷发与赤道东太平洋海温迅速变暖遥相关，与拉尼娜事件的结束、厄尔尼诺现象的增强也有关系。

与此同时，厄瓜多尔瓜亚斯省也在18日凌晨发生了里氏5.2级地震，导致数人受伤以及巨大财产损失。从厄瓜多尔物理研究所的报告得知，这次的地震发生在当地时间的18日零时41分，震中位于厄瓜多尔首都基多西南310千米处。其中厄瓜多尔的第一大城市瓜亚基尔也有明显的震感，且当天厄瓜多尔北部沿海地区在当地时间的10时37分还发生了里氏4.2级地震，但庆幸的是，没有人员伤亡和财产损失。

2008年7月12日，阿拉斯加岛上的火山大爆发，把大量烟雾和灰烬喷上了1.6万米的高空，遮蔽了半个天空，附近一个牧场的居民也因此被迫紧急疏散。因为事前几乎没有征兆和讯号，气象人员都觉得诧异。据星岛新闻集团消息，这座叫作奥克马克的火山，位于阿拉斯加安克雷奇市西南1385千米外的格伦堡岛。事后，此火山中心的地质专家表示，较早的时候就已经探测到该地区有轻微的震动，只是没想到火山爆发来得如此之快。有地质物理学家说，火山爆发时的威力特别猛烈，在天空中形成一朵灰烬云，最少高达1.6万米。这座火山上一次爆发是在1997年。该火山的爆发时间与2008年7月5日鄂霍次克海发生的里氏7.6级地震是相对应的。

据《环球时报》报道，美国地质局测定，在北京时间的2008年7月19日10时39分，日本本州岛的东部海岸发生了里氏7.0级强烈地震，震中位于40千米的太平洋海底。

智利第十大区的洛斯拉戈斯在2008年5月1日连续发生地震。虽然地震没有给当地的人们造成人员和财产的损失，但却造成了当地居民的恐慌。报道说，自4月30日的19时30分起，智利第十大区的猜腾、帕伦和富塔莱乌富等地区连续发生了60多起地震，地震烈度都在4～5度之间。智利国家紧急情况办公室还派出专家组去猜腾地区进行实地考察，制订针对突发情况的应急预案。

2008年7月9日，秘鲁南部发生了里氏6.2级地震。此次地震，有一名93岁的男子被自家的墙壁倒塌压死，还有一家烟花工厂在地震中爆炸，其中有2名工人被烧伤。

厄尔尼诺事件与拉尼娜事件的转换，导致了赤道东西太平洋的海面高度反向持续升降了20～40厘米，同时重力的均衡运动使洋壳反向升降了7～13厘米，也就形成了太平洋地壳的跷跷板运动。这是厄尔尼诺与拉尼

▲地震云

娜转换期间环太平洋地震火山带频繁发生地震火山活动的最重要的原因，而且强潮汐起了激发作用。

近30年来的资料表明，太平洋的大部分地区在厄尔尼诺事件发生时，尤其是大西洋东部非洲近岸的海温比较高。刚果（金）北基伍省省会戈马市附近的尼拉贡戈火山于2002年1月17日大爆发，戈马市几乎被熔岩吞噬，市政府下达弃城令。戈马市附近的尼亚穆拉吉拉火山在2002年7月26日发生喷发，喷出的岩浆高达百米。这两次火山喷发事件和2002年时厄尔尼诺的形成有一定关系。

专家认为，地球内部蓄积的总能量是有限的，不但在时间上有一个逐渐蓄积到突然爆发的过程，而且在空间上也有此消彼长的规律。2004年到2005年3月，在西太平洋暖池的西部，印尼苏门答腊岛西侧海域连续发生了多次强烈地震，同时也引发了史上最强烈的大海啸。这是西太平洋暖池附近地球内部一次重要的能量释放过程。由于该处能量的大量释放，赤道区域地球内部能量调节达到了暂时的平衡状态，因此在东太平洋区域再次出现海底大规模地热释放的可能性就大为减少了。由于受到印尼大地震的影响，之后的一两年内东太平洋不会出现大规模的热释放活动，也就是说，东太平洋将一直存在冷舌，厄尔尼诺现象会推迟。东太平洋的海底碳酸钙物质在低温下会溶解，产生二氧化碳。冷水随着二氧化碳上升，形成冷舌，厄尔尼诺现象于是继续推迟。

重新认识地球

人类一直居住在地球上，在很早以前就对它有了一定的认识和了解。随着时代的发展，科学家发现，地球本身也在不断地变化，我们有必要而且必须重新认识它。

1. 自转速度不一

在过去，人们一直以为地球是以均衡的速度自转着，而且一年四季不会改变，但是最近的测量结果告诉我们，地球自转的速度并不均匀，一年中的8月和9月，自转速度是最快的，而3月和4月，自转速度是最慢的。

经过科学家的反复证明，地球不仅一年内的自转速度不均匀，而且年与年之间自转的速度也有明显的差异。从最近300年来的记录看，转得最快的是1870年，转得最慢的是1903年。

地球自转的速度为何会发生变化呢？较普遍的说法是地球上海水的涨落导致的。也有人认为，地球两极冰块融化使海水水位上升，进而改变了地球质量的分布，引起地球转动的惯量变化，最后影响了地球的自转速度。

2. 体积在膨胀

过去人们一直认为，地球的体积是1.1万亿立方千米，但最新的研究结果表明，地球的实际体积比这个数字大，表明地球在不断地膨胀。

▲地球体积在膨胀

地球的体积增大是因为大洋的底部在不断地扩展，这种扩张运动会使地心的密度越来越小，于是地球的体积就会越来越大。

3. 重量在增加

据计算，每年地球上都会有至少4万吨的"宇宙灰尘"落下。这些灰尘有大部分可以返回到宇宙空间，但另一部分仍会留在地球表面，使地球的重量不断地增加。据预计，在5亿年之内，累计将增加十万分之一。地

球重量的变化，不仅会影响到地球的地质作用，而且会引起昼夜交替和气候的变化。

4. 每天的时间延长

研究人员研究了从中国古代到1876年的日食记载，结果证明，地球的自转速度在变慢，那么转动一周所需要的时间，也就是一天的时间在变长。美国的研究人员发现，每天地球的自转时间都要比前一天的自转时间延长1/700秒，也就是每过一年，一天的时间就延长一秒，而每过一个世纪，大约就要延长一分钟。

目前，科学家们还不知道地球为什么会出现这种变化，估计可能是和月球的引力有关系。40亿年之前，月球与地球之间的距离是现在的1/3，而地球自转的速度也比现在要快得多，每天的时间仅8小时。

5. 地球在升温

科学家发现，不仅是地球表面温度在持续升高，地核的温度也在不断上升。据报道，美国科学家的地核压力模拟实验结果表明：地核的温度是6800℃，比太阳表面的温度要高出800℃，甚至比以前人们以为的2700～3700℃还要高出几千摄氏度。

6. 地核是固态、实心、铁质的

长期以来，人们对地核的认识一直存在着分歧。不久前，有科学家首次提供证据证明地球有一个坚硬、固体的核心。

地震波获得的资料显示，地球并不是一个均一的整体，固体的地球是由不同的圈层构成的。以目前的水平，人类对地球中心的探究，只能用自然或人造的地震波来实际探测并确定。科学家对德国南部的艾尔朗及其周围的各个发生过地震的区域测试站中记录下来的地震波数据进行了分析，观察到的证据显示地球的内核是固态的，铁质的，没有中心空洞。

7. 地球内核比表层旋转快

一个物理学家的研究报告中说，通过对近几年来发生的几乎同样的地震测试进行分析发现，地球内部与月球大小相同的内核旋转得要比地球其他部分快很多。

在地球中，地球的内核旋转速度永远都要比地壳和地幔的旋转快0.3～0.5度，这也就是说地球的内核每年都要比地球表面构造板块的运动速度至少快5万倍。科学家解释说，0.3～0.5度听起来似乎很小，但是在固体的地球系统里面，这已经是相当快了。

善待地球母亲——

善待地球便是善待我们自己的家园，也就是善待我们自己。地球是宇宙的奇迹，生命的摇篮，人类共同的家园。她给人类提供生存的空间和资源，使人类在这里生息繁衍。

地球环境包括三大生命要素：空气、水和土壤；六种自然资源：矿产、森林、淡水、土地、生物物种、化石燃料（石油、煤炭和天然气）；两类生态系统：陆地生态系统（如森林生态系统、草原生态系统、荒野生态系统等）与水生生态系统（如湿地生态系统、湖泊生态系统、海洋生态系统等）；多样景观资源，如山势、水流、本土动植物、自然与文化历史遗迹等。

随着工业的发展，人口基数的增大，地球面临着越来越多的环境问题。到目前为止，已经威胁人类生存并已被人类认识到的环境问题主要有大气污染、土地沙漠化、水体污染、臭氧层破坏、酸雨、能源短缺、森林资源锐减、物种加速灭绝、垃圾成灾、有毒化学品污染等。

由于地球有强大的吸引力，80%的空气集中在离地面平均为15千米的范围内。这一空气层对人类生活、生产影响很大。空气是地球上的生物生存的必要条件，动物呼吸、植物光合作用都离不开空气。但是如今，我们的大气面临着严重的污染。

　　大气污染物对人体的危害是多方面的，主要表现为呼吸道疾病与生理功能障碍，以及黏膜组织刺激等。1952年12月5日至8日，英国伦敦发生的烟雾事件导致4000人死亡。据分析，那几天伦敦无风有雾，工厂烟囱和居民取暖排出的废气烟尘弥漫在伦敦市区经久不散，烟尘最高浓度达每立方米4.46毫克，二氧化硫的日平均浓度竟达到每立方米3.83毫升。二氧化硫经过某种化学反应，生成硫酸液沫附着在烟尘上或凝聚在雾滴上，随呼吸进入人体器官，使人发病或加速慢性病患者的死亡。这也就是所谓的光化学污染。可见，大气中污染物的浓度很高时，会造成急性污染中毒，或使病情恶化，甚至在几天内夺去几千人的生命。其实，即使大气中污染物浓度不高，但人长年累月呼吸这种污染了的空气，也会引起慢性支气管炎、支气管哮喘、肺气肿及肺癌等疾病。

▲大气污染

▲治理沙漠化

  大气污染物，尤其是二氧化硫、氟化物等对植物的危害是十分严重的。当污染物浓度很高时，会对植物产生急性危害，使植物叶表产生伤斑，或者直接使叶片枯萎脱落；当污染物浓度不高时，会对植物产生慢性危害，使植物叶片褪绿，造成作物产量下降，品质变坏。

  大气污染物对天气和气候的影响是十分显著的。比如，它可减少到达地面的太阳辐射量，增加大气降水量，增高大气温度，导致温室效应等。

  防治空气污染是一个庞大的系统工程，需要个人、集体、国家乃至全球各国的共同努力。

第一，减少污染物排放量。改革能源结构，多采用无污染能源（如太阳能、风能、水力发电）和低污染能源（如天然气），对燃料进行预处理（如烧煤前先进行脱硫），改进燃烧技术等。另外，在污染物未进入大气之前，使用除尘消烟技术、冷凝技术、液体吸收技术、回收处理技术等消除废气中的部分污染物，可减少进入大气的污染物数量。

第二，控制排放和充分利用大气自净能力。气象条件不同，大气对污染物的容纳量也不同。对于风力大、通风好、湍流盛、对流强的地区和时段，大气扩散稀释能力强，可接受较多厂矿企业活动。逆温的地区和时段，大气扩散稀释能力弱，便不能接受较多的污染物，否则会造成严重的大气污染。因此应对不同地区、不同时段进行排放量的有效控制。

第三，厂址选择、烟囱设计、城区与工业区规划等要合理，不要造成重复叠加污染。

第四，绿化造林。茂密的林丛能降低风速，使空气中携带的大粒灰尘下降。树叶表面粗糙不平，有的有绒毛，有的能分泌黏液和油脂，因此能吸附大量飘尘。蒙尘的叶子经雨水冲洗后，能继续吸附飘尘。如此往复拦阻和吸附尘埃，能使空气得到净化。

土地沙漠化是环境退化的现象，是一种逐步导致生物性生产力下降的过程，包括发生、发展和形成三个阶段。发生阶段是潜在性沙漠化，仅存在发生沙漠化的基本条件，如气候干燥、地表植被开始破坏，并形成小面积松散的流沙等；发展阶段，地面植被开始被破坏，出现风蚀、地表粗化、斑点状流沙和低矮灌丛沙堆，随着风沙活动的加剧，进一步出现流动沙丘或吹扬的灌丛沙堆；形成阶段，地表广泛分布着密集的流动沙丘或吹扬的灌丛沙堆，其面积占土地面积的50%以上。

地球上受到沙漠化影响的土地面积有3800万平方千米，目前，全世界每年约有6万平方千米土地发生沙漠化。沙漠化问题涉及的范围之广，已引起全世界的关注。干地（降水量低且降水通常由雨量小、不稳定、时间短、强度大的风暴造成的那些地区）覆盖了全球40%的陆地面积，供养着世界上1/5的人口。这些干地的沙漠化是由于植被和可利用的水减少、作物产量下降以及土壤侵蚀引起的土地退化。沙漠化是世界农业发展的一个重大威胁。它使土地滋生能力退化，农牧生产能力及生物产量下降，可供耕地及牧场面积减少。沙漠化导致的水土流失、土地贫瘠，已使不少国家连年饥荒。因此，保护和利用好土地，封沙育草，营造防风沙林，实行林、牧、水利等的综合开发治理将会充分发挥植被群体效应以达到退沙还土的目的。土壤是植物的母亲，是绿色家园繁荣昌盛的物质基础。保护利用好土地，就是保护了绿色家园、保护了人类自己。

　　水体污染是指排入水体的污染物质超过了水体的自净能力，使水体恶化，从而使水的使用价值降低或丧失的现象。

　　水体污染源分为自然污染源和人为污染源两大类型。自然污染源指自然界本身异常释放有害物质或造成有害影响的场所。人为污染源指人类活动产生的污染物对水体造成的污染。人为污染源包括工业污染源、生活污染源和农业污染源。工业废水是水体最重要的污染源。它具有量大、面广、成分复杂、毒性大、不易净化、难处理等特点。生活污染源主要是指生活中的各种洗涤水，一般固体物质小于1%，多为无毒的无机盐类、需氧有机物类、病原微生物类。生活污水的最大特点是含氮、磷、硫多，细菌多，用水量具有季节变化规律。农业污染源包括牲畜粪便、农药、化肥等。农村污水具有两个显著特点：一是有机质、植物营养素及病原微生物含量高；二是农药、化肥含量高。

▲水污染

地球上水的储量虽然丰富，但目前，人类可以直接利用的只有地下水、湖泊淡水和河床水。由于人口增长和工业发展，全球淡水资源状况不容乐观，水资源短缺，水质恶化，人类面临严峻的挑战。面对水资源危机，国际社会越来越认识到其严重性，全球范围内保护水资源的浪潮已经掀起，并取得了重大成就。

　　一项调查显示，在全世界自来水中测出的化学污染物有2221种之多，其中有些确认是致癌物或促癌物。从自来水的饮用标准看，中国尚处于较低水平，自来水仅采用沉淀、过滤、加氯消毒等方法，将江河水或地下水简单加工成可饮用水。自来水加氯可有效杀除病菌，同时也会产生较多的卤代烃化合物，有机氯含量翻了一番。这些含氯有机物正是引起人类各种胃肠癌的最大根源。城市受污染的水域中除重金属外，还含有很多农药、化肥、洗涤剂等有害残留物，即使是把自来水煮沸了，上述残留物仍驱之不去，而将水煮沸的过程又增加了有害物的浓度，降低了有益于人体健康

▼沙尘暴

的溶解氧的含量，而且也使亚硝酸盐与三氯甲烷等致癌物增加，因此，饮用开水的安全系数也不高。据最新资料透露，中国主要大城市只有23%的居民饮用水符合卫生标准，小城镇和农村饮用水合格率更低。水污染防治当务之急，应确保饮用水合格。为此应加大水污染监控力度，设立供水水源地保护区。

日趋加剧的水污染已对人类的生存安全构成重大威胁，成为人类健康、经济和社会可持续发展的重大障碍。据世界权威机构调查，在发展中国家，各类疾病有80%是因为饮用了不卫生的水而传播的，每年全球因饮用不卫生水至少有2000万人死亡，因此，水污染被称作"世界头号杀手"。

水体污染会影响工业生产、增大设备腐蚀、影响产品质量，甚至使生产不能进行下去。水的污染又影响人民生活，破坏生态，直接危害人的健康。

地球是太阳系中唯一适合人类生存和发展的星球。在这个星球上，自然资源和环境是当今人类赖以生存的条件，是各国经济、社会发展的重要基础。人类在开发利用大自然、改造大自然的过程中，扮演了一个强者的角色。人类在获得巨大经济效益的同时，由于过度地、无节制地开发利用使地球超过了自身所能承受的程度，资源大量损耗，生态环境日益恶化，导致人口膨胀、资源过度消耗、大气污染、水资源枯

竭等多种环境危机。沙尘暴天气就是环境破坏的一个明显例证。地球以它特有的方式向人类敲响了警钟。在沙尘暴的侵袭下，人类又扮演了一个可怜、可悲的弱者的形象。没有谁能独自解决诸如此类的问题，只有全世界人民联合起来，共同参与，才能解决日益严重的地球环境危机。

厄尔尼诺并不是我们面临的唯一难题，它也不是我们需要解决的最困难的问题。如何正确认识自然灾害的形成与发展，如何用实际行动来改善我们的居住环境，对这些问题的正视与思考，就是你对地球母亲的关注与保护。

我们必须加强环境保护，对资源进行合理开发，增强自身与公众对资源利用和环境保护的紧迫感和忧患意识，树立善待地球、保护自然环境就是保护我们自己的意识，以提高可持续发展的能力建设为目标，长期坚持有效保护和合理利用资源的方针，正确处理好资源保护与经济发展的关系，寻求一条适合本国国情的路子，让地球不再诅咒人类。为了我们人类可以更好地发展，为了给我们的后代营造一个更美好的家园，请善待地球，保护好我们的地球。